PÂTIS SERIE

TOUTES LES TECHNIQUES ET RECETTES
D'UNE ÉCOLE D'EXCELLENCE

系列名稱 / 大師系列

書　名 / 糕點聖經 II

作　者 / 巴黎斐杭狄FERRANDI法國高等廚藝學校

出版者 / 大境文化事業有限公司

發行人 / 趙天德

總編輯 / 車東蔚

文　編 / 編輯部

美　編 / R.C. Work Shop

翻　譯 / 林惠敏

地址 / 台北市雨聲街77號1樓

TEL / (02)2838-7996

FAX / (02)2836-0028

初版 / 2018年12月

定　價 / 新台幣1400元

ISBN / 9789869620543

書　號 / Master 16

讀者專線 / (02)2836-0069

www.ecook.com.tw

E-mail / service@ecook.com.tw

劃撥帳號 / 19260956大境文化事業有限公司

PÂTISSERIE © Flammarion, Paris, 2017
for the text relating to recipes and techniques, the photographs and illustrations, foreword.
All rights reserved. Complex Chinese edition arranged through Flammarion.

Conception graphique et mise en pages : Alice Leroy
Collaboration rédactionnelle : Estérelle Payany

Coordination FERRANDI Paris : Audrey Janet
Chefs pâtissiers FERRANDI Paris : Stévy Antoine, Carlos Cerqueira,
Claude Chiron, Bruno Ciret, Régis Ferey, Alain Guillaumin, Edouard Hauvuy

Édition : Clélia Ozier-Lafontaine assistée de Déborah Schwarz
Relecture : Sylvie Rouge-Pullon
Fabrication : Christelle Lemonnier
Photogravure : IGS-CP L'Isle d'Espagnac

巴黎斐杭狄FERRANDI法國高等廚藝學校，是高等廚藝培訓領域的標竿。

自1920年，本校已培育出數代的米其林星級主廚、甜點師、麵包師、餐廳經理。

位於巴黎聖日耳曼德佩區（Saint-Germain-des-Prés）的斐杭狄FERRANDI每年接受來自全世界的學生，

亦為各國提供具品質保證的大師課程。

本書由校內的教授和最出色的法國糕點師合力所完成。

國家圖書館出版品預行編目資料

糕點聖經 II

巴黎斐杭狄FERRANDI法國高等廚藝學校 著；--初版.--臺北市

大境文化，2018 288面；22×28公分.

（Master：M 16）

ISBN 978-986-9620-54-3（精裝）

1.點心食譜　2.法國

427.16　　107019813

FERRANDI
PARIS

巴黎斐杭狄法國高等廚藝學校

PHOTOGRAPHIES DE RINA NURRA

糕點聖經 II

PÂTIS SERIE

掌握世界頂尖糕點師的絕妙食譜
與 1500 個技巧

大境文化

FERRAND

L'ÉCOLE FRANÇAISE DE GASTRONOMIE

PARIS

ÉDITO

編者的話

在推出我們的第一本著作：《**斐杭狄法國高等廚藝學校 – 經典廚藝聖經Le Grand Cours de Cuisine de FERRANDI**》之後，這本書譯成多種語言且成為獲頒許多獎項的暢銷書，顯然接下來就是該致力於撰寫糕點相關書籍的時候了。

在全世界發光發熱的法式糕點自然因其卓越和創新而搏得美名，**巴黎斐杭狄法國高等廚藝學校**在這方面的教學已有將近100年的歷史。

我們以傳統知識技能，以及創意創新的實習概念為教育核心，與業界維持著獨特的平衡關係，也讓這所學校成為教學機構中的典範。

這本關於糕點的著作，藝術與手工技藝並重，收錄符合以下概念的食譜：忠於本校理念、傳授基本技術，但同時又可刺激創意和思考，這些對於糕點這門注重精準和表達的藝術來說非常重要。

在將糕點的技術傳授給每一位學生時，不論他們是少年、成年人，還是來聽課愛好糕點的一般民眾，我們所投入的熱情和要求，讓我們能夠將這門藝術傳播到全世界。法國糕點的光芒受到前所未有的矚目，而我們希望本書也能對此有所幫助。

在本書的製作上，我要感謝**巴黎斐杭狄法國高等廚藝學校**的合作夥伴，尤其是奧黛・珍妮Audrey Janet，是她確保了溝通協調上的和諧順暢，並讓數位學院的甜點主廚都能投入在其中，傳授他們的知識技能：史戴維・安東尼Stévy Antoine、卡洛斯・塞凱拉Carlos Cerqueira、克勞德・席洪Claude Chiron、布魯諾・席黑Bruno Ciret、雷吉・費黑Régis Ferey、亞倫・葛羅曼Alain Guillaumin和愛德華・歐維Edouard Hauvuy。

我衷心感謝所有的主廚、朋友、校友、副教授與諮詢委員會（Conseil d'Orientation）成員，願意給我們這個榮幸，將他們的經典食譜託付給我們：歐斐莉・巴黑Ophélie Barès、克莉黛兒・布亞Christelle Brua、克莉絲汀・法珀Christine Ferber、妮娜・梅達耶Nina Métayer、克里斯托夫・亞當Christophe Adam、朱利安・亞瓦黑Julien Alvarez、尼可拉・巴榭何Nicolas Bacheyre、尼可拉・貝納戴Nicolas Bernardé、尼可拉・布尚Nicolas Boussin、楊・柏利Yann Brys、費德烈克・卡塞爾Frédéric Cassel、高通・雪希耶Gontran Cherrier、菲利浦・康帝西尼Philippe Conticini、揚・庫凡Yann Couvreur、克里斯道夫・菲爾德Christophe Felder、賽堤克・葛雷Cédric Grolet、皮耶・艾曼Pierre Hermé、尚-保羅・艾凡Jean-Paul Hévin、亞諾・拉葉Arnaud Larher、吉爾・馬夏Gilles Marchal、皮耶・馬哥里尼Pierre Marcolini、卡爾・馬勒帝Carl Marletti、揚・孟奇Yann Menguy、克里斯多夫・米夏拉克Christophe Michalak、安杰羅・慕沙Angelo Musa、菲利浦・于哈卡Philippe Urraca。他們的參與對教育而言始終都很重要且珍貴。

BRUNO DE MONTE

布魯諾・德・蒙特

巴黎斐杭狄法國高等廚藝學校校長

SOMMAIRE 目錄

8 Introduction 引言

382 Entremets 多層糕點

  388 Entremets classiques
      經典多層糕點

  454 Entremets de saison
      季節性多層糕點

**470 Occasions festive
節慶時刻**

  474 Gâteaux de fête 節慶糕點
  492 Mignardises 精緻小點

512 **Confiseries & confitures**
糖果與果醬

564 **Chocolat 巧克力**

588 **Décors 裝飾**

608 **Glaces 冰品**

614 Crèmes glacées 冰淇淋

624 Sorbets 雪酪

636 Entremets glacés
冰淇淋夾心甜點

648 **Lexique 詞彙表**

652 **Index 索引**

656 **Remerciements 致謝**

巴黎斐杭狄法國高等廚藝學校

FERRANDI
PARIS

近一百年來　巴黎斐杭狄法國高等廚藝學校FERRANDI Paris
　　　　　　以追求卓越的精神培育出無數的廚師、甜點師，
以及在餐飲和飯店業的專業人士。幾代知名主廚都受其創新教
育的深刻影響，並和業界建立了獨特的關係。這所公立廚藝學
校的有何特色？培育CAP（職業能力認證）人才、學士和碩士、
見習生和轉職者，而且也因其國際課程，法國人和全世界的學
生都能在此受教育：FERRANDI Paris的豐富性在於其教育的
多元化和創意。不論是半工半讀的年輕學子、該領域企業的專
業人士、轉職或特別渴望精進的成人，總是可以見到各式各樣
的學生，以及美食與飯店管理相關職業的職人來此學習。結合
一絲不苟的技術和企業創新活動的教學，FERRANDI Paris持
續掌握業界的脈動，不斷創新以維持其先驅者以及卓越的頂尖
地位，而FERRANDI Paris同時也是三十年前第一所推出學士
BAC+3課程的學校。

對整個業界來說，FERRANDI 不只是一間
學校，更是美食生活、創新，以及讓佳餚大
放光芒的中心。

所有人追求的　實際上FERRANDI Paris是隸屬巴黎與巴黎
卓越　　　　大區工商會（Chambre de commerce et
　　　　　　　d'industrie de Paris Ile-de-France）的
二十一所學校之一，這些學校包括巴黎高等商業研究學院
（HEC Paris）、高等經濟商業學院（I'ESSEC BUSINESS
SCHOOL）等等。FERRANDI Paris也是第一間推出從CAP到
MASTER（BAC+5）各種美食和飯店業訓練的學校。
從糕點業的實習（免費且有薪資）到高級學程，FERRANDI
Paris不斷在教育上創新，以確保每位學生都能得到最好的。不
論是餐飲、餐桌藝術、麵包業、甜點業還是飯店管理，所有的
學習者都抱持著同樣的理念，也就是努力和要求―邁向卓越的
必經之路。

廣泛多元的特色　FERRANDI Paris有三個校區：巴黎、伊夫林省（Yvelines）的茹伊若薩（Jouy-en-Josas）、瓦茲河谷省（Val-d'Oise）的聖格拉蒂安（Saint-Gratien），以及和波爾多工商會（CCI de Bordeaux）合作的波爾多訓練中心，還有其他建構中的設施。每年有2300名實習生和CAP至BAC+的學生、300名專業學程的國際學生，以及約2000名轉業或進修的成人，都在FERRANDI Paris的校園中受訓。學校忠於其公立機構的使命，因為70%考取巴黎斐杭狄法國高等廚藝學校的學生都進行結合理論教學的免費實習（CAP、職業類高中會考baccalauréat professionnel、加值文憑Mention complémentaire、高級技師證書BTS）課程，並在企業合作者的協助下進行實作。這仰賴實作的教育方法展現出實效，考取該領域文憑的成功率達98%，為法國之最。

與業界強烈連結的師資陣容　高水準的職人、100名學校的專職教授，都具備在法國和國際知名餐廳工作十年以上的業界經驗。

這些專職教師中包括數位法國最佳職人（Meilleur ouvrier de France, MOF）和廚藝大賽的優勝者。這傑出的教育團隊是我們名副其實的師資陣容，更因為主持大師課程，與全年無休的主題培訓講座的知名主廚和甜點師的加入而更加壯大。

學校也經常接待來自全世界的主廚，提供學生更具有國際觀的料理文化，為他們做好走入現實世界的準備。教授國際學科的教授們也獲邀到國外參訪，以便到全世界傳授法國的技術。就這樣，業界與學術界之間的關係成了本校的重要成分，也是學生成功的關鍵之一。

廚藝匯萃在巴黎　在巴黎市中心佔地25000平方公尺，位於聖日耳曼德佩區（Saint-Germain-des-Prés），學校具歷史意義的位置讓學生享有在35間技術實驗室，和2間開放給大眾的實驗餐廳實習的優勢。

身為巴黎美食廚藝匯萃之地，FERRANDI Paris會在如美食節等展示的時刻舉辦會議或活動，並開放讓民眾參觀。也有一間只保留給個人使用的料理工作坊，可以在這裡和巴黎斐杭狄法國高等廚藝學校的專業人士們一起上課。一整年會有30至50場大型主廚協會所舉辦的專業競賽，以及無數的專業示範，都在本校進行。由於FERRANDI Paris培育了許多專業人士，校友們也經常回到這個保留給專業人士的訓練場所進修，巴黎斐杭狄法國高等廚藝學校和美食界維持著非比尋常的關係。

實作教學　不斷的練習、動作的精準、技術的習得，以及法國美食傳統中的基本知識，正是FERRANDI Paris獨特的教育根基。我們不在梯形教室進行教學示範，而是讓學生進行大量的實作，讓他們學會掌握最優秀職人的技術。從早上六點開始，FERRANDI Paris便過著所有學生不分年齡和領域都在實習的生活節奏。因此，應用餐廳

讓從外場到廚房的學生，都能進行真正的臨場訓練。同樣地，學生們也受邀參與年度知名的專業活動發揮他們的所學，並在這類場合中應用他們正在學習的知識與技術！

一所國際化的學校…　法國美食2010年在聯合國教科文組織（UNESCO）登錄為非物質文化遺產，法國料理的歷史榮光因而獲得國際影響力。FERRANDI Paris培育國際學生，並為學生做好準備，讓他們在全世界都能運用彌足珍貴的法國料理與糕點技術。FERRANDI Paris的名聲每年吸引來自超過30個不同國家的300名學生。不論是進行料理、糕點或麵包烘焙的訓練，還是專為專業人士設計，精進特殊領域的訓練周（training

weeks），法國美食學就這樣傳遍了全世界。學生探索豐富的法國美食當下，不僅是透過在學校的實作，也透過在法國各地旅行、品嚐和企業參訪，更包括探索葡萄酒、風土、原料的製造商、國家批發市場（Marchés d'Intérêt National）等等。

在這樣的背景下，FERRANDI Paris和第戎國際美食美酒博覽中心（Cité internationale de la Gastronomie et du Vin de Dijon）合作，並於2019年成立國際學生專門料理與糕點培訓中心。FERRANDI Paris的國際培訓教授也經常受邀至全世界，協助帶動其他教授或專業人士的短期培訓課程

…也是專業人士的進修場所

FERRANDI Paris讓該領域的專業人士能夠在其職業生涯中不斷地自我精進，以因應技術和潮流的演變。糕點、麵包、餐桌藝術、財務管理、企業管理、必修的職業衛生與培訓：每年在法國和全世界推出超過60個短期培訓課程，為了在不同領域裡（素食料理、真空料理等…）追求創新而持續更新課程，以支持企業與時俱進。

FERRANDI Paris也設想出專為企業量身打造的訓練，將其知識技術與教育帶入在職人員習慣的工作環境中。由於FERRANDI Paris提供個人專屬的諮詢服務，餐飲業者與農產品加工的專業人員，也能享有本校團隊所提供的建議。

我們持續創新！

開設逾35年的學士課程，每年都有新的變化並提供培訓，FERRANDI Paris的特色就在其創新的能力，能夠預先掌握餐飲業與管理方面的變化。因此，本校是許多領域的先驅者，樹立了典範，並贏得標竿學府的美名。FERRANDI Paris絕不是一所閉門造車之處，而是向世界敞開大門，讓科學和其他學科都能納入其知識技術的地方。

為了讓教學環境盡可能為學生增加機會和能見度，FERRANDI Paris也與其他機構合作，培訓課程因這些機構的參與而變得更加豐富：位於圖爾（Tours）的拉伯雷大學（l'université François Rabelais）、法國時尚學院（l'institut français de la mode）等等。此外值得一提的還有FERRANDI Paris與GOBELINS影像學校的學生合作的烹飪攝影工作坊，讓彼此都能互相充實成長。

一般大眾也能透過MOOC（Massive Open Online Courses），也就是開放給大眾，在網路上便可取得，且100%免費的密集訓練課程來享有FERRANDI Paris的精神。最早開設的MOOC是2015年的料理設計（design culinaire）課程，隸屬於現代飲食消費的新興學科。2017年，第二個MOOC課程則是探討料理的趨勢，可試著學習以監督的方式更準確地預測未來發展並加以創新。下一堂MOOC課程則將探討料理造形（stylisme culinaire）。

得天獨厚的合作關係

本校與業界具有強烈連結，同時也和像是：法國餐飲烹飪學院（Académie culinaire de France）、法國廚師協會（Cuisiniers de France）、共和國廚師協會（Cuisiniers de la république）、法國高帽協會（Toques françaises）、國際白高帽俱樂部（Toques blanches international club）、法國烹飪大師協會（Maîtres cuisiniers de France）、餐飲大師協會（Maîtres restaurateurs）、國家廚師學院（l'Académie nationale des cuisiniers）、珀斯貝·蒙塔涅美食俱樂部（Club Prosper Montagné）、法國歐洲首席廚師協會（Euro-Toques France）等主要的料理協會維持著長期的合作關係，這讓學生有機會參與許多官方的展示活動，展現他們的知識與技術。FERRANDI Paris也是許多私人企業的合作夥伴，協助企業完成審計的任務，並提供量身訂做的建議。

FERRANDI PARIS的糕點標準

從CAP到「高級糕點學程」（Programme supérieur de pâtisserie），也別忘了「烹飪藝術與企業創新學士課程（選修糕點）」（Bachelor arts culinaires et entrepreneuriat, option pâtisserie），糕點是FERRANDI Paris的基石之一，但光是喜愛糕點並不足以成為優秀的甜點師。就如同料理所要求的一樣，嚴謹和精準都是掌握各種技術（麵包、冰淇淋、巧克力等

的製作）所不可或缺的條件。此外，也需要發揮創意，不只是在裝飾上，也必須懂得如何巧妙地運用味道、口感和顏色組合出全新的糕點。而在展現嚴謹和創意之時，甜點師還必須是多種層面的藝術家，必須兼具FERRANDI Paris的教授們總是不厭其煩，一再教導所有學生的各種能力：速度、嚴謹、靈巧、細心、重視食物的安全與衛生…。許多知名的專業人士如高通・雪希耶（Gontran Cherrier）、尼可拉・貝納戴（Nicolas Bernardé）、妮娜・梅達耶（Nina Métayer）、歐斐莉・巴黑（Ophélie Barès）、揚・孟奇（Yann Menguy），

以及揚・庫凡（Yann Couvreur）也都來自本校，並參與本書的製作。

全世界的法式糕點　「法式」糕點的知識技術受到全世界的重視。法式糕點的聲譽為法國的學生帶來全球就業的機會，也為FERRANDI Paris帶來無數進行更高階訓練，來自世界各地的學生。我們為這些學生提供以英語授課的特殊訓練課程，而其中有60%的學生來自亞洲。小班教學的優勢（12至15名學生）和重視實作的教育方式（在優秀甜點師身邊實習），學生得以掌握法式糕點的偉大經典要素…，而且已經準備好將這樣的經典傳至全世界！

全方位考量的著作　根據第一本大獲成功的著作《FERRANDI斐杭狄法國高等廚藝學校－經典廚藝聖經》的創新概念，一本關於糕點的作品應是令人期待的接續之作，讓讀者可以繼續探索FERRANDI Paris關於法國美食基礎學科的知識與技術。本書以本校發展出的教育理念為根本，並結合實作以及與職人之間的密切合作。

主題式的介紹可為讀者建立起良好的基礎：使用食材的解析、提供詳盡的歷史起源、預期最常見的錯誤，並提供成功的關鍵。進階式的教學方式實際上是受到FERRANDI Paris學士課程的啟發，提供不同等級的進階食譜。因此，**等級1**介紹的是經典，意即傳統版本的基本食譜。**等級2**是更精緻，甚至是改良過的配方。**等級3**是由出色甜點主廚（也是本校的合作主廚、推廣計畫負責人、諮詢委員會成員，或FERRANDI Paris校友）代表性的食譜，並附上他們根據自身經驗所提供的訣竅。您可依自我衡量選擇適當的等級！

未來…　在教育中不斷創新，以便和業界保持接軌的FERRANDI Paris準備以遠大的計畫迎接百年校慶：開設五星級的教育飯店，作為飯店管理高等教育教學的應用前哨站：在第戎國際美食美酒博覽中心設立料理與甜點訓練中心，並對全世界的學生開放。以美食與創新為核心，FERRANDI Paris將持續傳播經驗與熱情，期許為世界帶來啟發與歡樂！

ENTREMETS

多層蛋糕

385 Introduction 引言

388 Entremets classiques 經典多層蛋糕

388 Opéra 歐培拉 NIVEAU 1
390 Opéra 歐培拉 NIVEAU 2
392 Il était une fois l'opéra 童話歐培拉
NIVEAU 3 • ANGELO MUSA
394 Forêt noire 黑森林蛋糕 NIVEAU 1
396 Forêt blanche 白森林蛋糕 NIVEAU 2
398 Bûche forêt noire 黑森林木柴蛋糕
NIVEAU 3 • NICOLAS BOUSSIN
400 Fraisier 草莓蛋糕 NIVEAU 1
402 Fraisier 草莓蛋糕 NIVEAU 2
404 Le fraisier 草莓蛋糕 NIVEAU 3 • ARNAUD LARHER
406 Millefeuille 千層派 NIVEAU 1
408 Millefeuille 千層派 NIVEAU 2
410 Millefeuille 千層派 NIVEAU 3 • YANN COUVREUR
412 Royal chocolat 皇家巧克力蛋糕 NIVEAU 1
414 Royal II 皇家巧克力二世 NIVEAU 2
416 Le royal 皇家巧克力蛋糕 NIVEAU 3 •
PIERRE MARCOLINI
418 Saint-honoré 聖多諾黑 NIVEAU 1
420 Saint-honoré ananas-citron vert
鳳梨青檸聖多諾黑 NIVEAU 2

422 Saint-honoré agrumes 柑橘聖多諾黑 NIVEAU 3 •
NICOLAS BERNARDÉ
424 Savarin aux fruits 水果薩瓦蘭 NIVEAU 1
426 Savarin au chocolat 巧克力薩瓦蘭 NIVEAU 2
428 Baba Ispahan 伊斯帕罕芭芭 NIVEAU 3 • PIERRE HERMÉ
430 Charlotte vanille-fruits rouges 香草紅果夏洛特蛋糕 NIVEAU 1
432 Charlotte coco-passion 椰子百香夏洛特蛋糕 NIVEAU 2
434 Charlotte aux marrons et clémentines confites
栗子糖漬小柑橘夏洛特蛋糕 NIVEAU 3 • GILLES MARCHAL
436 Mont-blanc 蒙布朗 NIVEAU 1
438 Mont-blanc rhubarbe-marron 大黃栗子蒙布朗 NIVEAU 2
440 Mont-blanc 蒙布朗 NIVEAU 3 • YANN MENGUY
442 Entremets ganache 甘那許蛋糕 NIVEAU 1
444 Entremets ganache 甘那許蛋糕 NIVEAU 2
446 Réinterprétation entremets « ganache »
解構「甘那許」蛋糕 NIVEAU 3 • OPHÉLIE BARÈS
448 Moka café 摩卡咖啡蛋糕 NIVEAU 1
450 Moka 摩卡蛋糕 NIVEAU 2
452 Moka 摩卡蛋糕 NIVEAU 3 • JULIEN ALVAREZ

454 Entremets de saisons 季節多層蛋糕

Les entremets de printemps 春季多層蛋糕
454 Ananas-basilic thaï 泰國羅勒鳳梨蛋糕
456 Entremets griotte-mascarpone 酸櫻桃馬斯卡邦乳酪蛋糕

Les entremets d'été 夏季多層蛋糕
458 Régal du chef aux fruits rouges 紅果主廚盛宴
460 Le coussin de la reine 皇后靠墊

Les entremets d'automne 秋季多層蛋糕
462 Entremets automne 秋日蛋糕
464 Entremets coing-gingembre 薑香榲桲蛋糕

Les entremets d'hiver 冬季多層蛋糕
466 Le 55 FBG, W.H. FBG, W.H. 蛋糕
468 Casse-noisette gianduja-caramel 焦糖占度亞榛果鉗蛋糕

LES ENTREMETS 多層蛋糕

為了製作這種多人共享的蛋糕，必須要能良好地掌控基底（蛋糕體、奶油醬）。正是不同質地、口感和味道的組合，構成了多層蛋糕的魅力，需要良好的組織能力，以及特殊的組裝技術才能獲得完美的成品。

如何依賓客人數使用蛋糕圈？

多層蛋糕圈高4.5公分。因此，直徑再增加2公分，便可再多招待2名賓客。

賓客數量	4-6人	8人	10人
塔圈大小	直徑14或16公分	直徑18公分	直徑20公分

清出冷凍空間

某些使用夾層餡料的蛋糕組裝時需要經過冷凍。在開始之前，務必要先在你的冷凍庫中清出所需的空間，讓蛋糕能夠適當地放入。

鋸齒刀萬歲！

為了縱切有餡料的蛋糕或整平組裝蛋糕的邊緣，例如草莓蛋糕。使用鋸齒刀便可進行裁切，而不會使海綿蛋糕或指形蛋糕體脆弱的質地碎裂。

水果與吉力丁

為了確保填入蛋糕中的水果備料（慕斯、果凝...）的穩定度，我們往往會在備料中加入吉力丁。請注意！某些水果富含蛋白分解酶（也就是說會對蛋白質產生作用，而吉力丁中含有大量的蛋白質），會防止吉力丁凝固。例如鳳梨、奇異果、木瓜、番石榴（goyave）、仙人掌果（figue de Barbarie）、無花果和白蘭瓜（melon Honeydew），就不能和吉力丁一起使用。在這種情況下，請用洋菜來取代吉力丁，或是將果肉煮沸。

充分乳化的甘那許

巧克力甘那許經常用來作為多層蛋糕的夾心。製作的方式是將熱的鮮奶油倒入切碎的巧克力中。鮮奶油的熱度會讓巧克力融化，讓兩者緊密地融合在一起。為了獲得均勻且充分乳化的混合物，應從容器的中心開始，以畫圓的方式快速攪拌，有點類似製作蛋黃醬／美乃滋的方式。

徹底戳洞

為了讓千層派使用的折疊派皮能夠勻稱地膨脹，必須記得為派皮充分戳洞。專業人士會使用一種叫麵皮打洞器的工具來進行勻稱的打孔：如果沒有的話，可使用兩支叉子。

大蛋糕的小故事

聖多諾黑（Le saint-honoré）
甜點師希布斯特（Chiboust）於1850年左右發明，聖多諾黑命名的由來是為了向麵包業的守護神致敬，同時也參考了甜點師的住址：巴黎聖多諾黑路。源自填入卡士達奶油醬內餡的大布里歐，後來都以餅底脆皮麵團作為基底，鋪上焦糖泡芙（choux glacés au caramel），並填入希布斯特奶油醬作為內餡。

芭芭（Le baba）
已證實在十八世紀出現於波蘭國王史坦尼斯拉（Stanislas Leszczynski）宮廷中的芭芭，源自淋上甜葡萄酒，走味的咕咕霍夫（kouglopf）。也有些人從中看到了巴布卡蛋糕（babka）的影子，即一種源自於波蘭的布里歐，而這也是巴黎史特雷甜點店（Stohrer）的靈感來源。

歐培拉（L'opéra）
具濃厚巧克力與咖啡風味的蛋糕，是在1955年，由達洛約之家（Maison Dalloyau）所打造，儘管賈斯通·雷諾特（Gaston Lenôtre）也聲稱自己是這道甜點的發明人。它極為平坦的形狀令人聯想到巴黎的歌劇院（l'Opéra de Paris），這也是其名稱的由來。

蒙布朗（Le mont-blanc）
這道栗子糕點是受到一種亞爾薩斯特產－栗子火炬（torche aux marrons）的強烈啟發。1903年在朗普梅耶茶沙龍（le salon de thé Rumpelmayer），也就是後來的安潔莉娜（Angelina）誕生。

堅固的基底

為了讓某些以糖漿浸潤的蛋糕體底部不會被液體所滲透且變硬，例如歐培拉，我們會用糕點刷刷上一層巧克力。這會帶來格外酥脆的口感、維持整個蛋糕的柔軟度，同時也確保在裁切時的堅固度。我們稱之為「版型加固chablonnage」。

小心脫模！

在製作某些多層蛋糕時，在模型中鋪上透明紙可確保完美的脫模。儘管如此，還必須多預留2公分的長度，才能方便脫模。請先確保蛋糕已充分冷凍後再將透明紙剝離。

製作糖漿的順序

為了製作浸潤蛋糕體的糖漿，永遠都要先將水倒入平底深鍋中，接著才加糖。這樣糖會比較容易溶解，而且可避免在鍋底形成焦糖。

容易加工的杏仁膏

有時會混入蛋糕體麵糊中，但也能用於裝飾的杏仁膏在過硬時很難使用。只要微波加熱10至20秒，便可使杏仁膏完全變軟。務必要使用優質的杏仁膏。

不同的杏仁膏

種類	杏仁的份量	糖的份量
Supérieure優級	66 %	34 %
Extra特級	50 %	50 %
Confiseur 糖果專用	33 %	67 %

較容易作為鏡面的焦糖

聖多諾黑的酥脆泡芙便是以焦糖作為鏡面。其中加入的葡萄糖可減少焦糖對水分的吸收，並阻止糖再度結晶。

為蛋糕鋪上杏仁膏

為了進行快速裝飾，可用染色的杏仁膏為多層蛋糕進行最後修飾。只要鋪在兩張直徑略大於塔圈的玻璃紙之間即可。將其中一張玻璃紙輕輕剝離後，將杏仁膏倒扣在還在塔圈中的蛋糕上，並讓杏仁膏觸碰到蓋在蛋糕表面的奶油醬。用擀麵棍擀壓，以裁成適當大小的圓，可與蛋糕的大小完全貼合，接著再將塔圈移除。

OPÉRA
歐培拉

6至8人份

準備時間
2小時

烘焙時間
8分鐘

冷藏時間
1小時

保存時間
3日

器具
烘焙專用攪拌機
溫度計
手持式電動攪拌棒
邊長12公分且高2.5公分的正方形方形蛋糕框
糕點刷

材料

杏仁蛋糕體
（BISCUIT JOCONDE）
蛋150克
糖粉115克
杏仁粉115克
融化奶油45克
麵粉30克
蛋白105克
糖15克

奶油霜（CRÈME AU BEURRE）
水100克
糖100克
蛋白125克
奶油325克
咖啡精萃適量

甘那許（GANACHE）
全脂鮮乳160克
脂肪含量35%的液狀鮮奶油35克
可可成分64%的黑巧克力125克
奶油65克

浸潤糖漿（SIROP D'IMBIBAGE）
水750克
糖62克
冷凍乾燥的義式濃縮咖啡62克

鏡面（GLAÇAGE）
棕色鏡面淋醬100克
可可成分58%的黑巧克力100克
葡萄籽油50克

BISCUIT JOCONDE杏仁蛋糕體
在裝有球狀攪拌棒的攪拌缸中，以高速將蛋、糖粉、杏仁粉、融化奶油和麵粉打發5分鐘。將此混合物移至另一個容器備用。在另一個裝有球狀攪拌棒的潔淨攪拌缸中，將蛋白打發成泡沫狀，並加入糖，讓打發蛋白霜更密實。將第1份混合物輕輕混入蛋白霜中至均勻。鋪在烤盤上，入烤箱以220℃（溫控器7-8）烤5至8分鐘。

CRÈME AU BEURRE奶油霜
在平底深鍋中放入糖和水，煮至117℃。在裝有球狀攪拌棒的攪拌缸中將蛋白打發成泡沫狀的蛋白霜，將熱糖漿緩緩以細流狀倒入。以中速攪拌至溫度降至20-25℃。混入常溫奶油，攪拌至形成乳霜狀，接著加入咖啡精萃。冷藏保存。

GANACHE甘那許
在平底深鍋中，將鮮乳和鮮奶油煮沸。倒入切塊的巧克力中。用橡皮刮刀混合。混入切丁的常溫奶油。用手持式電動攪拌棒攪打至形成平滑的質地。

SIROP D'IMBIBAGE浸潤糖漿
在平底深鍋中加熱水和糖，接著加入冷凍乾燥的即溶咖啡。放涼。

MONTAGE組裝
將杏仁蛋糕體裁成邊長12公分的方片共3片。在其中一塊方形的蛋糕體下方鋪上一層極薄的巧克力，擺在蛋糕紙托上，讓巧克力凝固。用糕點刷為蛋糕體的基底刷上糖漿，接著均勻地鋪上一層奶油霜。為第2塊方形的蛋糕體兩面都刷上糖漿，擺在第1塊蛋糕體上，並以甘那許覆蓋。再用最後1個方形的蛋糕體進行同樣的動作。鋪上奶油霜並抹平。冷藏凝固1小時。將棕色鏡面淋醬和巧克力一起隔水加熱或微波至融化，接著加入葡萄籽油。歐培拉一冷卻，就均勻的鋪上鏡面。

OPÉRA
歐培拉

8人份

準備時間
1小時

烘焙時間
8至10分鐘

冷藏時間
1小時

保存時間
24小時

器具
溫度計
電動攪拌機
擠花袋+直徑10公釐的
平口擠花嘴
手持式電動攪拌棒
直徑4公分且高10公分的玻璃杯
8個

材料
無麵粉蛋糕體
（BISCUIT SANS FARINE）
奶油15克
可可成分70%的半苦黑巧克力
杏仁粉15克
蛋黃15克
糖52克
蛋白62克

甘那許（GANACHE）
全脂鮮乳200克
脂肪含量35%的液狀鮮奶油
200克
可可成分50%的黑巧克力400克
奶油100克

咖啡慕斯（MOUSSE AU CAFÉ）
脂肪含量35%的液狀鮮奶油
100克
即溶咖啡粉7克
牛奶巧克力200克
脂肪含量35%的打發液狀鮮奶
油300克

鏡面雲（NUAGE DE GLAÇAGE）
（可省略）
可可成分70%的苦甜黑巧克力
100克
鮮乳100克

BISCUIT SANS FARINE無麵粉蛋糕體

將奶油和巧克力隔水加熱至50℃，讓奶油和巧克力融化。混合杏仁粉、蛋黃和40克的糖，但不要打發。用電動攪拌機將蛋白和剩餘的糖打至硬性發泡。將融化的巧克力混入蛋黃和糖的混合物中，輕輕混入打發蛋白霜。填入擠花袋，在鋪有烤盤紙的烤盤上擠出8個直徑4公分的圓形麵糊。入烤箱以210℃（溫控器7）烤8至10分鐘。

GANACHE甘那許

在平底深鍋中，將鮮乳和鮮奶油煮沸。倒入巧克力中，攪拌形成平滑且均勻的甘那許。在甘那許微溫時混入切成小塊的奶油，但不要過度攪拌。放涼。

MOUSSE AU CAFÉ咖啡慕斯

在平底深鍋中，將鮮奶油和即溶咖啡粉煮沸。倒入切碎的牛奶巧克力，用橡皮刮刀攪拌至形成甘那許。用電動攪拌機將鮮奶油打發，但不要過度，輕輕混入甘那許中成為慕斯。

NUAGE DE GLAÇAGE鏡面雲

在平底深鍋中加熱巧克力和鮮乳至巧克力融化。冷藏保存約1小時。享用前一刻，用手持式電動攪拌棒打成泡沫狀。

MONTAGE組裝

將巧克力蛋糕體擺在玻璃杯底部，接著用擠花袋擠出約1公分高的咖啡慕斯，冷藏保存幾分鐘，並用另一個擠花袋擠入1公分高的甘那許。重複同樣的步驟，最後再鋪上蛋糕體。如果想要的話，最後可再放上一層鏡面雲。

TRUCS ET ASTUCES DE CHEFS
主廚的技巧與訣竅

為獲得最佳效果，請在前一天準備好玻璃杯。

約10個

準備時間
2小時30分鐘

浸泡時間
24小時

烘焙時間
15分鐘

冷藏時間
3小時

保存時間
24小時

器具
電動攪拌機
網篩
烤盤墊
直徑7公分的壓模
漏斗型濾器
溫度計
玻璃紙（Feuille guitare）
手持式電動攪拌棒
打蛋器
直徑7和8公分且高3公分的
多層蛋糕圈
擠花袋

材料
摩卡液（SIROP MOKA）
咖啡粉（café moulu）65克
水440克

榛果蛋糕體
蛋160克
蛋黃50克
糖粉155克
烘焙榛果粉155克
蛋白140克
調味粗紅糖20克
榛果醬25克
葡萄籽油25克
麵粉35克
穀物澱粉8克

摩卡帕林內酥
杏仁帕林內240克
咖啡醬（pâte de café）40克
脆片（feuilantine）20克

鹽之花2.5克
焦糖碎杏仁130克
覆蓋牛奶巧克力25克

歐培拉甘那許
（GANACHE OPÉRA）
脂肪含量35%的液狀鮮奶
油85克
右旋糖（dextrose）25克
山梨糖醇（sorbitol）5克
可可成分62%的覆蓋黑巧
克力90克

法式摩卡奶油霜
（CRÈME AU BEURRE MOKA）
鮮乳150克
西達摩咖啡45克
蛋50克
蛋黃30克
砂糖60克
奶油295克
咖啡醬6克

冷蛋白霜轉化糖（sucre
inverti）30克
葡萄糖（glucose）30克
蛋白40克

牛奶慕斯（MOUSSE DE LAIT）
鮮乳30克
加里慕斯膨脹劑4克
奶油穩定劑0.25克

鏡面（GLAÇAGE）
可可成分70%的覆蓋黑巧
克力600克
可可成分40%的覆蓋牛奶
巧克力70克
葡萄籽油80克

咖啡凍（GELÉE CAFÉ）
咖啡豆115克
水500克
浸泡液200克
吉力丁粉17.5克
水3.5克
糖16克

最後修飾
烘焙榛果適量
金箔

IL ÉTAIT UNE FOIS L'OPÉRA
童話歐培拉

de Angelo Musa 安杰羅・慕沙
Meilleur Ouvrier de France Pâtissier 2007　2007年法國最佳甜點職人

———— SIROP MOKA摩卡液
前一天，將細磨的咖啡粉浸泡在冷水中。

———— BISCUIT NOISETTE榛果蛋糕體
在不鏽鋼盆中，用電動攪拌機將蛋、蛋黃、糖粉和榛果粉攪打至膨脹。將蛋白和糖打發。在打發的榛果蛋糊中加入榛果醬、油、打發蛋白霜，最後是過篩的麵粉和澱粉。倒入鋪有烤盤墊的烤盤（約700克），接著入烤箱以180℃（溫控器6）烤8至10分鐘。用壓模裁出直徑7公分的圓餅。用漏斗型濾器過濾摩卡液，接著刷在蛋糕體上（每塊蛋糕體約8克）。

———— CROUSTILLANT PRALINÉ MOKA摩卡帕林內酥
混合所有材料，最後加進預先以40℃融化的覆蓋牛奶巧克力。快速鋪在放有玻璃紙的烤盤上。讓巧克力凝固，裁成直徑7公分的圓。

———— GANACHE OPÉRA歐培拉甘那許
在平底深鍋中將鮮奶油、右旋糖和山梨糖醇加熱，接著倒入以小火融化的巧克力中。混合後以手持式電動攪拌棒攪打至均質。

———— CRÈME AU BEURRE MOKA法式摩卡奶油霜
鮮乳和咖啡浸泡24小時。過濾並秤重，取得75克的浸泡液。接著以英式奶油醬的方式加熱。用電動攪拌機攪打蛋、蛋黃和糖。將浸泡液加入上述的乳霜狀混合物中，降溫至40℃後混入奶油。盡量攪拌至大部分均乳化後再加入咖啡醬中。

———— MERINGUE À FROID冷蛋白霜
在平底深鍋中加熱轉化糖和葡萄糖（充分融化）。倒入蛋白中，打發。將這冷蛋白霜混入法式摩卡奶油霜中。

———— MOUSSE DE LAIT牛奶慕斯
將所有材料一起攪打。將這牛奶慕斯混入先前的法式摩卡奶油霜中。

———— GLAÇAGE鏡面
將所有材料隔水加熱至融化。

———— GELÉE CAFÉ咖啡凍
將咖啡豆鋪在不沾烤盤上，入烤箱以230℃（溫控器7/8）烤10分鐘。接著泡入冷水中。浸泡約24小時。過濾。將1/3的浸泡液加熱，並加入預先泡水的吉力丁和糖。倒入剩餘的浸泡液，接著倒入直徑7公分的蛋糕圈中。讓咖啡凍凝固。

———— MONTAGE組裝
在直徑8公分的塔圈中，用擠花袋擠入20克的法式摩卡奶油霜，並加上1塊刷上摩卡液的榛果蛋糕體。用擠花袋將甘那許覆蓋在蛋糕體上。再擠上10克的法式摩卡奶油霜，最後將摩卡帕林內酥黏在一層蛋糕體上，為組裝的蛋糕進行修飾。冷藏凝固。脫模，並用40℃的鏡面將蛋糕完全覆蓋。再放上幾顆烘焙成金黃色的榛果。在鏡面上擺上2至3塊咖啡凍。最後再以金箔修飾。

FORÊT NOIRE

黑森林蛋糕

6至8人份

準備時間
1小時30分鐘

烘焙時間
20分鐘

冷藏時間
30分鐘

保存時間
24小時

器具
打蛋器
溫度計
直徑18公分的蛋糕模
烘焙專用攪拌機
擠花袋+直徑15公釐的
平口擠花嘴
糕點刷
抹刀
彎型抹刀
大刀子

材料
酒漬櫻桃（griottine）150克

巧克力海綿蛋糕
（GÉNOISE AU CHOCOLAT）
蛋100克
糖62克
麵粉50克
玉米粉6克
可可粉6克

浸潤糖漿（SIROP D'IMBIBAGE）
水50克
糖50克
酒漬櫻桃和阿瑪瑞拉糖漬櫻桃
的汁液（jus de griottine et
d'amarena）50克
礦泉水25克

打發甘那許
（GANACHE MONTÉE）
脂肪含量35%的液狀鮮奶油92克
轉化糖8克
可可成分58%的覆蓋黑巧克力
30克

香草鮮奶油香醍
（CHANTILLY À LA VANILLE）
脂肪含量35%的液狀鮮奶油
300克
糖粉30克
香草精2克

最後修飾
巧克力刨花
（copeaux de chocolat）適量

GÉNOISE AU CHOCOLAT巧克力海綿蛋糕
製作海綿蛋糕（見220頁食譜）。將海綿蛋糕麵糊倒入直徑18公分的模型，入烤箱以180℃（溫控器6）烤20分鐘。

SIROP D'IMBIBAGE浸潤糖漿
在平底深鍋中，將所有材料煮沸，放涼。

GANACHE MONTÉE打發甘那許
在平底深鍋中，將30克的液狀鮮奶油和轉化糖煮沸，接著加入切碎的覆蓋黑巧克力中攪拌均勻，形成甘那許。在裝有球狀攪拌棒的攪拌缸中，倒入冷卻的巧克力甘那許和剩餘冰涼的液狀鮮奶油，將全部打發至形成乳霜狀的稠度。

CHANTILLY À LA VANILLE香草鮮奶油香醍
在裝有球狀攪拌棒的攪拌缸中，放入所有材料，打發至形成蓬鬆且如乳霜狀的鮮奶油香醍。

MONTAGE組裝
將海綿蛋糕橫切成3塊。用糕點刷為第1片海綿蛋糕刷上糖漿。用抹刀鋪上甘那許並撒上酒漬櫻桃。擺上第2塊海綿蛋糕，刷上糖漿，接著加上一層香草鮮奶油香醍。擺上最後一塊海綿蛋糕，刷上糖漿，蓋上香草鮮奶油香醍。冷藏保存30分鐘，接著以巧克力刨花（見594頁技巧）裝飾。

FORÊT BLANCHE
白森林蛋糕

6至8人份

準備時間
2小時

烘焙時間
8分鐘

冷藏時間
2小時

保存時間
24小時

器具
電動攪拌機
擠花袋+直徑6公釐的平口擠花嘴
打蛋器
溫度計
透明塑膠圍邊紙
瓦片卷模
直徑16公分、高3.5公分的
多層蛋糕圈
糕點刷
抹刀

材料

酸櫻桃（cerise griotte）100克

巧克力指形蛋糕體
(BISCUIT CUILLÈRE AU CHOCOLAT)
蛋白75克
糖75克
蛋黃55克
麵粉36克
玉米粉36克
可可粉4克

雙櫻桃酒浸潤糖漿
(SIROP D'IMBIBAGE KIRSCH-MARASQUIN)
冷糖漿125克（水和糖＝1：1）
櫻桃酒（kirsch）25克
馬拉斯拉酸櫻桃酒
(marasquin)25克
水25克

香草奶油醬（SUPRÊME VANILLE）
全脂鮮乳75克
脂肪含量35%的液狀鮮奶油12克
蛋黃24克
糖14克
香草莢1根
吉力丁片3克
水18克
打發液狀鮮奶油（crème
fleurette montée）250克

打發甘那許
(GANACHE MONTÉE)
脂肪含量35%的液狀鮮奶油92克
轉化糖8克
可可成分58%的覆蓋黑巧克力
30克

香草鮮奶油香醍
(CHANTILLY À LA VANILLE)
液狀鮮奶油250克
糖20克
香草精3克

巧克力花瓣
(PÉTALES EN CHOCOLAT)
覆蓋白巧克力150克

BISCUIT CUILLÈRE AU CHOCOLAT巧克力指形蛋糕體
用裝有球狀攪拌棒的攪拌缸將蛋白和糖打發，接著在最後混入蛋黃。加入麵粉、玉米粉和可可粉。混合。將麵糊填入裝有直徑6公釐平口擠花嘴的擠花袋，並在鋪有烤盤紙的烤盤上擠出2個直徑16公分的圓形蛋糕體麵糊。入烤箱以200℃（溫控器6/7）烤8分鐘，接著擺在網架上放涼。

SIROP D'IMBIBAGE KIRSCH-MARASQUIN雙櫻桃酒浸潤糖漿
混合糖漿、櫻桃酒、馬拉斯拉酸櫻桃酒和水。

SUPRÊME VANILLE香草奶油醬
在平底深鍋中將鮮乳和鮮奶油煮沸。將蛋黃、糖和預先剖半並刮出的香草籽一起攪打至泛白。鮮乳和鮮奶油一開始微滾，就將部分倒入泛白的蛋黃中，一邊攪打。接著再全部倒回平底深鍋中。煮至濃稠到可附著於刮刀上，接著加入預先泡水並擰乾的吉力丁拌至均勻。放涼，混入打發的液狀鮮奶油。

GANACHE MONTÉE打發甘那許
在平底深鍋中，將30克的液狀鮮奶油和轉化糖煮沸，接著加入切碎的覆蓋黑巧克力，形成甘那許。在裝有球狀攪拌棒的攪拌缸中，倒入冷卻的巧克力甘那許和剩餘冰涼的液狀鮮奶油，將全部打發至形成乳霜狀的稠度。

CHANTILLY À LA VANILLE香草鮮奶油香醍
在裝有球狀攪拌棒的攪拌缸中，放入所有材料，打發至形成蓬鬆且如乳霜狀的鮮奶油香醍。

PÉTALES EN CHOCOLAT巧克力花瓣
將調溫巧克力（見570和572頁技巧）填入擠花袋，在透明塑膠圍邊紙上間隔地擠出少量的巧克力。在表面放上另一張的透明塑膠圍邊紙，輕輕按壓，形成圓形。將上面的透明紙移去，連同巧克力一起放入瓦片卷模。讓巧克力凝固幾分鐘，再輕輕將花瓣剝離。

MONTAGE組裝
在塔圈中擺上1塊指形蛋糕體圓餅。刷上雙櫻桃酒浸潤糖漿。在表面擠上香草奶油醬並勻稱地擺上酸櫻桃。擺上第2塊指形蛋糕體圓餅，刷上糖漿。鋪上一層鮮奶油香醍至塔圈邊緣。冷藏保存1小時30分鐘後再將蛋糕圈移去。用香草鮮奶油香醍將蛋糕完全覆蓋，並用抹刀抹平。勻稱地放上白巧克力花瓣裝飾表面。

BÛCHE FORÊT NOIRE
黑森林木柴蛋糕

de Nicolas Boussin 尼可拉·布尚
Meilleur Ouvrier de France Pâtissier 2000
2000 年法國最佳甜點職人

6個木柴蛋糕

準備時間
2小時

烘焙時間
30分鐘

浸漬時間
1個晚上

保存時間
24小時

器具
食物調理機
網篩
36公分×56公分的方形蛋糕框
溫度計
打蛋器
手持式電動攪拌棒
玻璃紙（Feuille guitare）
冷杉形狀的壓模
花紋紙（Feuille structure）
擠花袋＋平口擠花嘴
57公分×7公分且高5公分的木柴蛋糕模6個
霧狀噴槍

材料
巧克力薩赫蛋糕體
50%的杏仁膏230克
砂糖235克
蛋160克
蛋黃185克
麵粉110克
可可粉75克
泡打粉10克
融化奶油75克
蛋白290克

浸漬酸櫻桃
冷凍酸櫻桃1.3公斤
糖215克
酸櫻桃泥150克
酸櫻桃酒150克（可省略）

糖煮酸櫻桃
浸漬酸櫻桃汁900克
（見上述材料）

吉力丁粉22克
結合水
（eau d'hydratation）132克
NH果膠21克
糖120克
酸性溶液（solution acide）
4.5克

黑巧克力奶油餡鮮乳300克
可可成分63%的覆蓋黑巧克力390克
葡萄糖15克
吉力丁粉8克
結合水48克
脂肪含量35%的液狀鮮奶油600克

香草奶油醬
（CRÈME VANILLE）
香草莢3根
脂肪含量35%的液狀鮮奶油1.080公斤
葡萄糖110克
可可成分33%的白巧克力740克
凝結力值（Blooms）200的吉力丁粉27克
結合水162克
櫻桃酒110克
脂肪含量35%的打發液狀鮮奶油1.750公斤

極緻奶油醬
馬斯卡邦極緻鮮奶油
（sublime crème au mascarpone）500克
（Elle & Vire Professionnel品牌）
糖40克
香草莢1/2根
櫻桃酒10克

最後修飾
覆蓋黑巧克力適量
紅巧克力糊適量
紅色果膠適量
凝固巧克力適量

———— BISCUIT SACHER CHOCOLAT巧克力薩赫蛋糕體
攪打杏仁膏和50克的砂糖，慢慢倒入全蛋和蛋黃。加入過篩的粉末（麵粉、可可粉、泡打粉），接著是融化奶油，以及另外以電動攪拌機將185克砂糖與蛋白打發的蛋白霜，混合均勻。倒入方形蛋糕框中，入烤箱以200°C（溫控器6/7）烤25分鐘。

———— GRIOTTES MACÉRÉES浸漬酸櫻桃
將酸櫻桃解凍。收集果汁，接著和糖及酸櫻桃泥一起加熱。加入櫻桃酒，盡可能和酸櫻桃一起浸漬一整晚。

———— COMPOTÉE DE GRIOTTES糖煮酸櫻桃
將酸櫻桃液瀝出。用水將吉力丁泡開。將酸櫻桃汁加熱至40°C後，加入混入60克糖的果膠。煮沸後加入剩餘的糖，接著混入酸性溶液和泡水的吉力丁。加入瀝乾的酸櫻桃。

———— CRÉMEUX CHOCOLAT NOIR黑巧克力奶油餡
將鮮乳煮沸，倒入融化的巧克力和葡萄糖中。加入泡水的吉力丁，接著是液狀鮮奶油。以手持式電動攪拌棒攪打至均質。

———— CRÈME VANILLE香草奶油醬
將預先剖半的香草莢中刮出的香草籽浸泡在鮮奶油中，加入葡萄糖並煮沸。倒入白巧克力拌均勻。加入泡水的吉力丁和櫻桃酒，接著以手持式電動攪拌棒攪打進行乳化。在降溫至28°C時混入打發鮮奶油。

———— CRÈME SUBLIME極緻奶油醬
用打蛋器將所有材料打發。

———— DÉCORS EN CHOCOLAT巧克力裝飾
將調溫的黑巧克力倒入2張玻璃紙之間。讓巧克力凝固，接著以冷杉形狀的壓模裁切。將調溫的黑巧克力倒在格狀花紋紙上，讓巧克力凝固，接著裁成12個6公分×4公分的長方形。

———— MONTAGE組裝
以融化的覆蓋黑巧克力為薩赫蛋糕體進行版型加固（chablonnage參考387頁），接著翻面。在糖煮酸櫻桃尚未膠化之前，倒在蛋糕體上後再放涼。將黑巧克力奶油餡倒在糖煮酸櫻桃上，冷凍保存。裁出寬6公分的帶狀，製作夾層。繼續在蛋糕背面進行組裝。用擠花袋將600克的香草奶油醬擠在木柴蛋糕模中，擺上冷凍好的夾層蛋糕體，接著冷凍。在霧狀噴槍中填入紅巧克力糊，為木柴蛋糕噴上霧面。用裝有平口擠花嘴的擠花袋，擠出極緻奶油醬的小點，擺上巧克力冷杉和幾滴的紅色果膠水滴。最後在木柴蛋糕兩側擺上長方形的格狀花紋巧克力片。

NIVEAU

1

FRAISIER
草莓蛋糕

8人份

準備時間
1小時30分鐘

烘焙時間
20分鐘

冷藏時間
1小時

保存時間
48小時

器具
電動攪拌機（Batteur）
溫度計
打蛋器
網篩
直徑16公分、高4.5公分的
多層蛋糕圈
漏勺
直徑18公分、高4.5公分的
多層蛋糕圈
糕點刷
擀麵棍
編織紋擀麵棍
（Rouleau à motif vannerie）

材料
草莓300克

傑諾瓦士海綿蛋糕（GÉNOISE）
蛋100克
糖62克
麵粉50克
玉米粉12克

糖漿（SIROP）
水140克
糖140克
櫻桃酒8克

慕斯林奶油醬
（CRÈME MOUSSELINE）
全脂鮮乳250克
蛋50克
糖65克
卡士達粉25克
冷奶油（beurre à froid）100克
膏狀奶油25克

最後修飾
製糖用杏仁膏（pâte
d'amandes confiseur）80克

GÉNOISE傑諾瓦士海綿蛋糕
用電動攪拌器將隔水加熱的蛋和糖打發至45℃。從隔水加熱鍋中取出，繼續攪打至完全冷卻。將所有的粉類一起過篩，混入備料中。倒入直徑16公分的蛋糕圈，入烤箱以180-190℃（溫控器6/7）烤17至20分鐘，烤箱門保持微開。

SIROP糖漿
在平底深鍋中，將水和糖煮沸。放涼並以櫻桃酒調味。

CRÈME MOUSSELINE慕斯林奶油醬
在平底深鍋中，將鮮乳煮沸。在不鏽鋼盆中，用力攪打蛋和糖，接著加入卡士達粉。將部分熱鮮乳倒入蛋糊中，讓蛋糊溫熱，然後再全部倒回平底深鍋中，一邊攪拌，煮約3分鐘。放涼。當奶油醬變溫時，加入冷奶油。將奶油醬攪拌至平滑，加入膏狀奶油。用力攪打至整體膨脹。

MONTAGE組裝
將海綿蛋糕切成同樣厚度的2塊圓餅。將1片海綿蛋糕擺在直徑18公分的蛋糕圈中。刷上糖漿。將幾顆草莓切半，接著切面朝向塔圈內壁地直立在蛋糕上。鋪上慕斯林奶油醬。抹平並將邊緣的草莓覆蓋好。鋪上大量的整顆草莓，蓋上慕斯林奶油醬。擺上第2塊海綿蛋糕，刷上糖漿，再鋪上慕斯林奶油醬。抹平至與蛋糕圈的邊緣齊平，冷藏凝固約1小時。仔細將杏仁膏擀開，形成直徑18公分且厚2公釐的圓餅。用編織紋擀麵棍擀壓，形成漂亮的浮雕。擺在草莓蛋糕上。用幾顆切好的草莓裝飾，如果想要的話，可用杏仁膏做成花朵狀，或是用調溫巧克力（見570和572頁技巧）和圓錐形紙袋（見598頁技巧）擠出蔓藤狀的花紋。

2

FRAISIER
草莓蛋糕

6至8人份

準備時間
2小時

烘焙時間
20分鐘

保存時間
48小時

器具
打蛋器
網篩
溫度計
電動攪拌機
28.5公分×37.5公分且高5公分
的方形蛋糕框
糕點刷
噴槍（Chalumeau）
擠花袋+平口擠花嘴

材料
草莓250克

傑諾瓦士海綿蛋糕（GÉNOISE）
杏仁膏50克
糖60克
蛋140克
香草精1克
麵粉80克
奶油30克

香草櫻桃酒慕斯林奶油醬
（CRÈME MOUSSELINE VANILLE-KIRSCH）
卡士達奶油醬725克
（見196頁食譜）
膏狀奶油240克
義式蛋白霜120克
（見232頁食譜）
櫻桃酒12克
香草莢1根

清爽櫻桃酒糖液
（IMBIBAGE LÉGER AU KIRSCH）
冷糖漿375克
（水和糖1：1的比例）
水40克
櫻桃酒25克

最後修飾
無色無味的果膠鏡面
亞西那水芹（atsina cress）幾片

GÉNOISE傑諾瓦士海綿蛋糕
將杏仁膏、糖和10%的蛋混和攪打成砂礫狀。一邊用打蛋器攪打，同時慢慢混入剩餘的蛋。混合麵粉、香草精和融化奶油。倒入烤盤（30公分×40公分）鋪平，入烤箱以180℃（溫控器6）烤約17分鐘。

CRÈME MOUSSELINE VANILLE-KIRSCH
香草櫻桃酒慕斯林奶油醬
混合溫熱的卡士達奶油醬和膏狀奶油，接著輕輕地混入義式蛋白霜。加入櫻桃酒和從剖半的香草莢中刮出的香草籽。

IMBIBAGE LÉGER AU KIRSCH清爽櫻桃酒糖液
在平底深鍋中將糖漿和水煮沸。放涼後加入櫻桃酒。

MONTAGE組裝
將海綿蛋糕切成方形蛋糕框的大小。擺在方形蛋糕框底部，用糕點刷刷上清爽櫻桃酒糖液。用刮刀鋪上厚厚一層慕斯林奶油醬，接著緊密地擺上整顆的草莓。再擠上一層慕斯林奶油醬。擺上另1塊海綿蛋糕，刷上糖漿。冷藏凝固。用噴槍炙燒蛋糕表面，讓蛋糕微微上色。用糕點刷刷上薄薄一層無色無味的鏡面果膠，接著以草莓裝飾，用擠花袋將剩餘的慕斯林奶油醬擠成水滴狀，並擺上幾片亞西那水芹。

LE FRAISIER
草莓蛋糕

de Arnaud Larher 亞諾·拉葉
Meilleur Ouvrier de France Pâtissier 2007
2007 年法國最佳甜點職人

3個草莓蛋糕

準備時間
1小時30分鐘

烘焙時間
10分鐘

保存時間
24小時

器具
打蛋器
網篩
烤盤墊
溫度計
烘焙專用攪拌機
直徑18公分的塔圈
糕點刷
噴槍

材料
草莓適量
白巧克力適量
櫻桃酒適量
糖適量
無色無味鏡面淋醬
（nappage neutre）
適量

杏仁海綿蛋糕（GÉNOISE AUX AMANDES）
杏仁膏130克
糖160克
蛋380克
乳化劑（émulsifiant）15克
奶油90克
山梨糖醇（sorbitol）10克
麵粉220克

覆盆子酒糖液
（IMBIBAGE FRAMBOISE）
水138克
糖84克
覆盆子利口酒
（crème de framboise）33克
櫻桃酒44克

卡士達奶油醬（CRÈME PÂTISSIÈRE）
鮮乳125克
糖24克
香草莢1/2根
蛋黃30克
卡士達粉12克
奶油6克

奶油霜（CRÈME AU BEURRE）
糖270克
蛋134克
奶油595克

義式蛋白霜
（MERINGUE ITALIENNE）
水120克
糖300克
蛋白150克

——— GÉNOISE AUX AMANDES杏仁海綿蛋糕
用糖和蛋將杏仁膏攪拌至軟化。慢慢加入乳化劑，接著用打蛋器將混合物攪打至形成緞帶狀。將奶油和山梨糖醇加熱至融化，混入蛋糊中，接著加入過篩的麵粉。在鋪有烤盤墊的烤盤上鋪上麵糊，入烤箱以180°C（溫控器6）烤8至10分鐘。

——— IMBIBAGE FRAMBOISE覆盆子酒糖液
將水和糖煮沸，接著加入覆盆子利口酒和櫻桃酒。放涼後使用。

——— CRÈME PÂTISSIÈRE卡士達奶油醬
將鮮乳、12克的糖和剖半取出的香草籽煮沸。將蛋黃、剩餘的糖和卡士達粉攪打至泛白。倒入部分的熱鮮乳，混合後再全部倒回平底深鍋中。將奶油醬煮3分鐘。離火後加入奶油。

——— CRÈME AU BEURRE奶油霜
將所有材料打發，接著加入卡士達奶油醬混合均勻。

——— MERINGUE ITALIENNE義式蛋白霜
在平底深鍋中，將水和糖煮至120°C。在裝有球狀攪拌棒的攪拌缸中，將蛋白打發，接著緩緩地以細流狀倒入熱糖漿。繼續攪打至降溫。

——— MONTAGE組裝
裁出2塊直徑18公分的杏仁海綿蛋糕圓餅。將第1塊杏仁海綿蛋糕塗上融化的白巧克力，並刷上覆盆子酒糖液。鋪上薄薄一層奶油霜，接著在周圍擺上切半草莓，最後再鋪上整顆的草莓。淋上少許櫻桃酒並撒上細砂糖，接著鋪上奶油霜。擺上第2塊刷上酒糖液的杏仁海綿蛋糕圓餅，接著在表面鋪上薄薄一層微溫的義式蛋白霜。用噴槍烤成焦糖，接著再淋上無色無味的鏡面果膠。依個人喜好以草莓、藍莓或糖花進行裝飾。

NIVEAU
1

MILLEFEUILLE
千層派

6至8人份

準備時間
4小時

冷藏時間
2小時30分鐘

烘焙時間
50分鐘

保存時間
48小時

器具
擀麵棍
打蛋器
網篩
溫度計
擠花袋+直徑15公釐的平口擠花嘴
抹刀

材料
折疊派皮（FEUILLETAGE）
麵粉250克
鹽5克
水125克
奶油190克

卡士達奶油醬
（CRÈME PÂTISSIÈRE）
糖50克
全脂鮮乳250克
香草莢1根
蛋黃40克
卡士達粉15克
麵粉10克
熱奶油25克

最後修飾（FINITION）
白色翻糖（fondant blanc）適量
可可成分66%的覆蓋黑巧克力
適量
千層派皮屑適量

FEUILLETAGE折疊派皮
在工作檯上用麵粉形成凹槽。在中央加入溶於水的鹽和冷涼的奶油塊。拌勻後將麵團揉成球狀。冷藏保存30分鐘。在工作檯上撒上麵粉，將麵團擀平。開始進行折疊：1個皮夾折和1個單折（參考70-71頁步驟4-6以及69頁步驟10）。冷藏靜置45分鐘。再進行一次皮夾折和一次單折。再在陰涼處靜置45分鐘。 成3片直徑20公分且厚5公釐的折疊派皮。冷藏靜置30分鐘。入烤箱以220°C（溫控器7/8）烤10分鐘，接著以190°C（溫控器6/7）烤約40分鐘，烤至內部熟透。預留放涼備用。

CRÈME PÂTISSIÈRE卡士達奶油醬
在平底深鍋中，在鮮乳中加熱一半的糖和剖半並刮出的香草籽。在不鏽鋼盆中，用打蛋器將蛋黃和剩餘的糖攪打至泛白。加入過篩的卡士達粉和麵粉。在鮮乳煮沸時，將部分鮮乳倒入先前的混合物稀釋，接著再全部倒回平底深鍋中，繼續煮2分鐘。煮好後混入奶油，接著倒入鋪有保鮮膜的烤盤中，再緊貼上保鮮膜，冷藏放涼。

FINITION最後修飾
製作白色翻糖（見169頁食譜）。製作圓錐形紙袋（見598頁技巧），並填入融化的黑巧克力。

MONTAGE組裝
用水果刀將烤好冷卻的折疊派皮裁成3塊直徑18公分的圓餅。在第1塊折疊派皮圓餅上，用擠花袋勻稱地擠出卡士達奶油醬。擺上第2塊折疊派皮，並加入剩餘的奶油醬。擺上最後1塊折疊派皮圓餅，在千層派表面淋上白色翻糖。用抹刀抹平後，用裝有巧克力的圓錐形紙袋從千層派中央向外擠出螺旋狀。用小的水果刀在部分表面從圓心向外，再間隔的從外朝向圓心，劃出花紋。去掉四周多餘的翻糖，並將裁下的折疊派皮壓碎成碎屑來裝飾側邊。

TRUCS ET ASTUCES DE CHEFS
主廚的技巧與訣竅

如果沒有足夠大的烤盤，可分成二盤烤，
一盤烤 2/3 份的折疊派皮，另一盤烤剩下的 1/3。

2

MILLEFEUILLE
千層派

6人份

準備時間
4小時

冷藏時間
3小時

烘焙時間
50分鐘

保存時間
48小時

器具
網篩
烘焙刮板
擀麵棍
打蛋器
電動攪拌機
擠花袋+平口擠花嘴和
聖多諾黑擠花嘴
鋸齒刀

材料
反折疊派皮
（FEUILLETAGE INVERSÉ）
麵粉100克
折疊用奶油200克
鹽5克
冷水90克
麵粉150克

慕斯林奶油醬
（CRÈME MOUSSELINE）
全脂鮮乳250克
糖50克
香草莢1根
蛋黃40克
卡士達粉20克
奶油60克
膏狀奶油65克

香草鮮奶油香醍
（CHANTILLY VANILLE）
脂肪含量35%的液狀鮮奶油
100克
糖10克
香草莢2根

FEUILLETAGE INVERSÉ反折疊派皮
製作反折疊派皮（見72頁食譜）。將派皮擀成烤盤的大小（30公分×40公分）和3公釐的厚度。冷藏靜置30分鐘。入烤箱以220℃（溫控器7/8）烤10分鐘，接著再以190℃（溫控器6/7）烤約40分鐘，烤至內部熟透。冷卻預留備用。

CRÈME MOUSSELINE慕斯林奶油醬
在平底深鍋中，加熱鮮乳、一半的糖和剖半並刮出的香草籽。在不鏽鋼盆中，用打蛋器將蛋和剩餘的糖攪打至泛白。加入過篩的布丁粉。鮮乳煮沸時，在蛋和糖的混合物中加入一些鮮乳，讓混合物軟化並增溫。再倒回平底深鍋中繼續煮。以小火煮沸2分鐘。離火後，在烹煮結束時混入奶油。將慕斯林奶油醬倒在鋪有保鮮膜的烤盤上，接著在奶油醬表面緊貼上保鮮膜，以冷藏冷卻。之後用電動攪拌機將奶油醬打發，並加入膏狀奶油。

CHANTILLY VANILLE香草鮮奶油香醍
用電動攪拌機將液狀鮮奶油打發，接著加入糖和香草籽。

MONTAGE組裝
將片狀的折疊派皮裁成3塊。用橡皮刮刀將奶油醬拌軟，填入裝有平口擠花嘴的擠花袋。在第1塊折疊派皮上擠出1層奶油醬。擺上第2塊折疊派皮，並擠上奶油醬。再擺上最後1塊折疊派皮。冷藏凝固至少30分鐘。用鋸齒刀將千層派切成6塊。將千層派側放，接著用聖多諾黑擠花嘴擠出花形的香草鮮奶油香醍，以銀箔裝飾（材料表外）。

MILLEFEUILLE

千層派

de Yann Couvreur 揚·庫凡

Ancien élève de FERRANDI Paris
巴黎斐杭狄法國高等廚藝學校校友

6人份

準備時間
2小時

冷凍時間
30分鐘

冷藏時間
1小時

烘焙時間
2小時

保存時間
24小時

器具
烘焙專用攪拌機
食物調理機
擀麵棍
帕尼尼機
(Machine à panini)
網篩
擠花袋+擠花嘴

材料
布列塔尼焦糖奶油酥
(KOUIGN AMANN)
T45麵粉550克
鹽之花17克
酵母粉10克
低水份奶油 (beurre sec)500克
水280克
砂糖350克
黑糖 (sucre muscovado)100克

輕卡士達奶油醬 (CRÈME PÂTISSIÈRE LÉGÈRE)
全脂鮮乳500毫升
馬達加斯加香草莢 (gousse de vanille de Madagascar)4根
葛摩香草莢 (gousse de vanille des Comores)4根
蛋黃120克
砂糖100克
麵粉25克
布丁粉10克
打發鮮奶油140克

香草莢粉 (POUDRE DE VANILLE)
香草莢2根

——— KOUIGN AMANN布列塔尼焦糖奶油酥

在裝有球狀攪拌棒的攪拌缸中，倒入麵粉，接著是鹽之花、酵母粉、奶油和水。快速混合約6分鐘。將麵團倒在烤盤上，擀成正方形。冷凍30分鐘，接著冷藏靜置1小時，讓麵皮更結實。將砂糖和黑糖以食物料理機打至混合且成為細粉狀。將麵皮進行二次單折（將麵皮擀開，上端麵皮向下折至2/3處，下端麵皮向上折至起），每折之間間隔1小時。再度進行二次單折，並混入2種糖的混合糖粉（保留一部分）。將麵團擀成1公分的厚度，撒上保留的2種糖粉，接著將麵皮像果醬卷般整個緊緊捲起。將圓柱狀的麵團冷凍至定形，接著切成30片橢圓、厚3公釐的薄片，約有3種尺寸。每片夾在2張烤盤紙之間，用帕尼尼機以190℃壓烤約1分鐘，烤成金黃薄脆餅狀。

——— CRÈME PÂTISSIÈRE LÉGÈRE輕卡士達奶油醬

以平底深鍋將鮮乳煮沸，接著將預先剖半的香草莢中刮下的香草籽和香草莢浸泡在鮮乳中30分鐘。浸泡結束後，將香草莢取出，預留備用。將蛋白和砂糖攪打至泛白，混入過篩的麵粉和布丁粉。再度將鮮乳煮沸，接著混入蛋黃和糖的混合物中。倒回平底深鍋再以小火加熱所有材料，煮沸2分鐘。倒出卡士達奶油醬以保鮮膜緊貼表面放涼。冷卻後將打發鮮奶油混入500克的卡士達奶油醬中。

——— POUDRE DE VANILLE香草莢粉

將香草莢置於40℃的乾燥箱（étuve）烘乾約2小時，以食物調理機打碎後過篩。

——— MONTAGE組裝

在餐盤中央放上3道平行的卡士達奶油醬，並在上面輕輕擺上脆餅中最小的一片。重複同樣的步驟，再擺上3片脆餅，最後擺上最大片的脆餅。在千層派和餐盤上撒香草莢粉與糖粉。

1

ROYAL CHOCOLAT
皇家巧克力蛋糕

8至10人份

準備時間
2小時

烘焙時間
10至12分鐘

冷凍時間
1小時30分鐘

保存時間
3日

器具
網篩
電動攪拌機
打蛋器
溫度計
漏斗型濾器
霧狀噴槍
直徑20公分的多層蛋糕圈
抹刀
擠花袋+擠花嘴

材料
杏仁達克瓦茲
（DACQUOISE AMANDES）
糖粉63克
杏仁粉63克
玉米粉13克
蛋白75克
糖38克
粗紅糖13克

脆片
（CROUSTILLANT FEUILLANTINE）
覆蓋牛奶巧克力40克
榛果帕林內（praliné noisette）
50克（或杏仁帕林內）
脆片（croustillant feuillantine）50克

巧克力慕斯
（MOUSSE AU CHOCOLAT）
全脂鮮乳160克
蛋黃50克
糖30克
可可成分58%的覆蓋黑巧克力
190克
脂肪含量35%的液狀鮮奶油
300克

噴霧用材料
（APPAREIL À PISTOLET）
可可脂50克
可可成分58%的覆蓋牛奶巧克
力50克

DACQUOISE AMANDES杏仁達克瓦茲
將糖粉、杏仁粉和玉米粉一起過篩。在攪拌機的攪拌缸中，裝上球狀攪拌棒，將蛋白打成泡沫狀蛋白霜，加入糖和粗紅糖，讓蛋白霜更密實。用橡皮刮刀輕輕混合含糖蛋白霜和過篩的粉類。鋪在不沾烤盤上，入烤箱以210℃（溫控器7）烤10至12分鐘。

CROUSTILLANT FEUILLANTINE脆片
將牛奶巧克力加熱至融化，和剩餘的其他材料輕輕混合。

MOUSSE AU CHOCOLAT巧克力慕斯
製作英式奶油醬（見204頁食譜），用漏斗型濾器過篩，趁熱倒在切碎的巧克力上混合。放涼至40℃。稍微將液狀鮮奶油打發（不要過度打發），接著輕輕混入巧克力英式奶油醬中。

APPAREIL À PISTOLET噴霧用材料
將可可脂和巧克力分別隔水加熱至35℃，讓可可脂和巧克力融化。將可可脂和巧克力混合後加熱至50℃，用漏斗型濾器過濾，裝入噴霧罐中。

MONTAGE組裝
切出第1塊直徑18公分的達克瓦茲圓餅，擺在蛋糕圈中。蓋上巧克力慕斯（約模型的1/3高）。用抹刀鋪勻，不要有空隙。放上裁出的第2塊18公分的達克瓦茲圓餅，鋪上巧克力慕斯，並將脆片撒在表面。鋪滿巧克力慕斯，抹平表面後冷凍1小時30分鐘。將剩餘的巧克力慕斯填入裝有擠花嘴的擠花袋中，在蛋糕上製作線條形狀的裝飾，最好是趁蛋糕尚未解凍的狀態。用霧狀噴槍在整個蛋糕表面噴出霧面效果。

ROYAL II
皇家巧克力二世

8人份

準備時間
3小時

冷藏時間
20分鐘

烘焙時間
25分鐘

保存時間
48小時

器具
烘焙專用攪拌機
網篩
擀麵棍
溫度計
電動攪拌機
直徑18公分的蛋糕圈2個
打蛋器
漏斗型濾器
手持式電動攪拌棒
直徑16公分的塔圈

材料
巧克力甜酥麵團
(PÂTE SUCRÉE AU CHOCOLAT)
膏狀奶油100克
糖粉60克
麵粉135克
可可粉15克
杏仁粉15克
蛋30克

巧克力蛋糕體
(BISCUIT AU CHOCOLAT)
可可成分70%的覆蓋黑巧克力
45克
蛋白90克
蛋黃60克
糖70克

榛果奶油餡
(CRÉMEUX À LA NOISETTE)
脂肪含量35%的液狀鮮奶油
160克
蛋黃40克
糖30克
吉力丁粉4克
榛果醬24克

榛果帕林內酥 (CROUSTILLANT
PRALINÉ NOISETTE)
覆蓋牛奶巧克力45克
榛果帕林內50克
烤好的巧克力甜酥麵團30克
(見上述材料)
爆米香 (riz soufflé) 20克
鹽之花1克

黑巧克力慕斯
(MOUSSE AU CHOCOLAT NOIR)
全脂鮮乳150克
蛋黃50克
糖30克
可可成分64%的覆蓋黑巧克力
160克
打發鮮奶油220克

巧克力鏡面
(GLACAGE CHOCOLAT)
水135克
糖150克
葡萄糖150克
含糖煉乳100克
吉力丁粉10克
可可成分60%的黑巧克力150克

最後修飾
可可成分58%的黑巧克力80克

PÂTE SUCRÉE AU CHOCOLAT 巧克力甜酥麵團

在裝有槳狀攪拌棒的攪拌缸中，混合膏狀奶油和糖粉。將麵粉和可可粉過篩，接著是杏仁粉。混入蛋，分二次加入過篩的粉類，但不要過度攪拌。將麵團冷藏保存20分鐘，取出擀至3公釐的厚度，入烤箱以160℃烤15分鐘。

BISCUIT AU CHOCOLAT 巧克力蛋糕體

將巧克力隔水加熱至50℃，讓巧克力融化。用電動攪拌機，以3/4的糖將蛋白打發成蛋白霜。用剩餘的糖將蛋黃攪打至泛白。將泛白的蛋黃加進打發蛋白霜中，接著輕輕混入融化的巧克力。倒入直徑18公分的蛋糕圈中，入烤箱以180℃（溫控器6）烤15分鐘。

CRÉMEUX À LA NOISETTE 榛果奶油餡

在平底深鍋中，用鮮奶油、蛋黃和糖製作英式奶油醬（見204頁食譜）。離火後，加入預先泡開的吉力丁，以及榛果醬。用手持式電動攪拌棒攪打至形成平滑的質地，接著倒入直徑16公分的塔圈。冷藏保存。

CROUSTILLANT PRALINÉ NOISETTE 榛果帕林內酥

在平底深鍋中，將巧克力加熱至45℃融化，接著加入榛果帕林內，用刮刀混合。將巧克力甜酥麵團預先敲碎，加入巧克力和爆米香中。混合至均勻，加入鹽之花，再將混合物鋪在充分冷卻的榛果奶油餡上。

MOUSSE AU CHOCOLAT NOIR 黑巧克力慕斯

在平底深鍋中，用鮮乳、蛋黃和糖製作英式奶油醬（見204頁）。在這段時間，將巧克力隔水加熱至融化。用漏斗型濾器過濾英式奶油醬，並倒入融化巧克力中。用手持式電動攪拌棒攪打至形成均勻的混合物。混入打發鮮奶油。

GLACAGE CHOCOLAT 巧克力鏡面

在平底深鍋中，將75克的水、糖和葡萄糖加熱至105℃。倒入煉乳中，接著加入泡水的吉力丁和剩餘的水。倒入切塊的黑巧克力中。趁熱以手持式電動攪拌棒攪打至均質。

MONTAGE 組裝

裁出1塊直徑18公分的甜酥麵團圓餅，擺在蛋糕圈底部。在蛋糕圈內部周圍鋪上巧克力慕斯，接著在甜酥麵團上鋪上1公分的慕斯。擺上冷藏定形的榛果奶油餡和榛果帕林內酥。蓋上1公分的巧克力慕斯，放上巧克力蛋糕體圓餅。移去蛋糕圈，接著蓋上剩餘的巧克力慕斯，並將蛋糕抹平。為皇家巧克力蛋糕覆以35℃的鏡面，最後再以你選擇的巧克力進行裝飾（見592和598頁技巧）。

LE ROYAL
皇家巧克力蛋糕

de Pierre Marcolini 皮耶・馬哥里尼

Champion du Monde de Pâtisserie 1995
1995 年世界甜點冠軍（Champion du Monde de Pâtisserie）

6人份

準備時間
1小時30分鐘

冷藏時間
2小時

保存時間
24小時

器具
邊長30公分的方形蛋糕
框2個
電動攪拌機
溫度計
透明紙

材料

帕林內（PRALINÉ）
牛奶巧克力80克
可可脂45克
脆片（feuillantine）125克
榛果帕林內
（praliné noisette）120克
杏仁帕林內
（praliné amande）120克

慕斯（MOUSSE）
脂肪含量35%的法式酸奶油
（crème fraîche）170克
金級吉力丁
（gélatine or）3.5克
水40克
砂糖60克
蛋黃55克
蛋50克
可可成分64%的黑巧克力
200克

巧克力方塊
（CARRÉS DE CHOCOLAT）
脂肪含量35%的液狀鮮奶油
50克
可可成分64%的覆蓋巧克力
80克

——————— PRALINÉ FEUILLANTINE帕林內脆餅
用刀將巧克力切碎，隔水加熱至融化。利用這段時間，在平底深鍋中將可可脂加熱至融化。趁熱混合巧克力、可可脂和脆片。最後加入榛果帕林內和杏仁帕林內。倒入方形蛋糕框中，置於陰涼處。接著切成邊長5公分的方塊。

——————— MOUSSE慕斯
將一半的法式酸奶油打發至體積膨脹為原來的2/3，但仍須保持柔軟。利用這段時間，將吉力丁泡開，並用20克的水讓吉力丁溶化。將剩餘的水和糖加熱至121°C，接著倒入蛋黃和蛋中，用電動攪拌機攪打，形成炸彈麵糊。加熱剩餘一半部分的鮮奶油，加入融化的吉力丁。接著倒入預先切碎的巧克力中，形成甘那許。混入一半第一部分的打發鮮奶油，拌勻。接著加入另一半的打發鮮奶油。最後再混入炸彈麵糊中。倒入方形蛋糕框中放涼。切成邊長5公分的方塊。

——————— CARRÉS DE CHOCOLAT巧克力方塊
將巧克力和鮮奶油隔水加熱至融化，鋪在透明紙上。在巧克力開始凝固時，切成邊長6.5公分的方塊。

——————— MONTAGE組裝
擺上1片巧克力方塊，鋪上帕林內脆餅，再擺上1片巧克力方塊。疊上慕斯，最後再放上1片巧克力方塊，以你選擇的巧克力進行裝飾（見592和598頁技巧）。

SAINT-HONORÉ
聖多諾黑

6人份

準備時間
1小時30分鐘

烘焙時間
30分鐘

保存時間
24小時

器具
網篩
擀麵棍
糕點刷
擠花袋+直徑10公釐的平口擠花
嘴和星形擠花嘴
漏勺
溫度計
電動攪拌機

材料

泡芙麵糊（PÂTE À CHOUX）
水125克
鹽1克
奶油50克
麵粉75克
蛋125克

餅底脆皮麵團（PÂTE À FONCER）
麵粉62克
奶油31克
蛋25克
鹽1克
糖3克

蛋液（DORURE）
蛋10克
蛋黃10克
全脂鮮乳10克

焦糖（CARAMEL）
水75克
糖250克
葡萄糖30克
中止烹煮用的融化奶油10克
（可省略）
鹽1撮

鮮奶油香醍（CHANTILLY）
脂肪含量35%的液狀鮮奶油
250克
糖粉25克
香草莢1根

PÂTE À CHOUX泡芙麵糊

在平底深鍋中，將水、鹽和切成小塊的奶油煮沸。離火後，一次加入麵粉，用刮刀用力攪拌。再以文火加熱平底深鍋，將麵糊加熱蒸發水氣10秒，直到麵糊不再沾黏鍋子內壁。倒入不鏽鋼盆中以中止烹煮。用刮刀慢慢混入蛋。攪拌至形成平滑的麵糊。

PÂTE À FONCER餅底脆皮麵團

將奶油和麵粉搓成砂礫狀，接著在工作檯上形成凹槽。在中央加入混合了鹽和糖的蛋。混合並揉麵，取100克的麵團，揉成球狀，接著擀成約厚2.5公釐且直徑18公分的圓形餅皮。用叉子在底部戳洞。

MONTAGE POUR CUISSON烘烤前組合

將烤箱烤盤沾濕，擺上圓形餅底脆皮麵團。用糕點刷刷上蛋液。在裝有擠花嘴的擠花袋中填入泡芙麵糊，在餅皮底部周圍擠出環狀泡芙麵糊。在烤盤上的其他空間，擠出7個小泡芙，作為聖多諾黑的裝飾。入烤箱以180℃（溫控器6）烤30分鐘。

CARAMEL焦糖

在平底深鍋中將水和糖煮沸。用漏勺撈去浮沫，擦拭鍋邊，並加入葡萄糖。煮至167-170℃，讓糖液上色，接著將鍋底浸入冷水以中止烹煮。離火後，加入融化奶油，一邊以刮刀混合，接著加入1撮鹽。

CHANTILLY鮮奶油香醍

在冷的不鏽鋼盆中，用電動攪拌機打發鮮奶油，加入糖粉和從剖半的香草莢中刮下的香草籽。

MONTAGE組裝

將圈狀泡芙橫切半，保留上蓋。將鮮奶油香醍填入裝有星形擠花嘴的擠花袋中，擠在剖半的圈狀泡芙上，蓋上泡芙上蓋。將小泡芙剖半，頂部浸入焦糖，中央擠入鮮奶油香醍，底部用焦糖黏在環形餅皮上組合成聖多諾黑。中央再擠上鮮奶油香醍裝飾。

SAINT-HONORÉ ANANAS-CITRON VERT

鳳梨青檸聖多諾黑

6至8人份

準備時間
3小時

冷藏時間
至少2小時

烘焙時間
45分鐘

保存時間
24小時

器具
網篩
烘焙刮板
擀麵棍
溫度計
打蛋器
電動攪拌機
擠花袋+直徑10公釐的平口擠花嘴
和聖多諾黑擠花嘴
（douille à saint-honoré）

材料
折疊派皮（PÂTE FEUILLETÉE）
麵粉125克
鹽2.5克
水65至70克
奶油15克
折疊用奶油75克
糖粉適量

泡芙麵糊（PÂTE À CHOUX）
水63克
全脂鮮乳63克
鹽2.5克
糖2.5克
奶油56克
麵粉70克
蛋125克

黃色熟糖（SUCRE CUIT JAUNE）
水50克
糖200克
葡萄糖50克
黃色食用色素0.5克
食用金粉（poudre d'or）0.5克

鳳梨卡士達奶油醬
（CRÈME PÂTISSIÈRE ANANAS）
蛋黃50克
砂糖100克
卡士達粉40克
鳳梨泥500克
青檸檬1顆

鳳梨醬（MARMDELADE ANANAS）
去皮鳳梨300克
紅糖（sucre roux）50克
香草莢1根
尼泊爾花椒粒
（poivre de Timut）適量
百香果籽（grains de fruits de la passion）40克
青檸檬1顆

青檸鮮奶油香醍
（CHANTILLY CITRON VERT）
液狀鮮奶油300克
砂糖40克
青檸檬1/2顆

PÂTE FEUILLETÉE折疊派皮
製作5折的折疊派皮（見66頁食譜）。將派皮擀成邊長30公分的正方形。將派皮夾在2個烤盤中空烤，以免派皮膨脹，入烤箱以200℃（溫控器6/7）烘烤25分鐘。出爐後，放涼，再裁成邊長20公分的正方形。

PÂTE À CHOUX泡芙麵糊
在平底深鍋中，將水、鮮乳、鹽、糖和切成小塊的奶油煮沸。離火後一次加入所有的麵粉，用刮刀用力混合。再以小火加熱平底深鍋，將麵糊加熱蒸發水氣10秒，直到麵糊不再沾黏鍋壁。倒入不鏽鋼盆以中止烹煮。用刮刀慢慢地混入蛋。攪拌至形成平滑的麵糊。填入擠花袋，接著在鋪有烤盤紙的烤盤上擠出20幾個同樣大小的泡芙。烤箱以190℃（溫控器6/7）烤約20分鐘，烤箱門微微開啟。

SUCRE CUIT JAUNE黃色熟糖
在平底深鍋中，將水、糖和葡萄糖煮至170℃。離火後加入食用色素和金粉。

CRÈME PÂTISSIÈRE ANANAS鳳梨卡士達奶油醬
在平底深鍋中加熱鳳梨泥。以鋼盆將蛋黃、糖和卡士達粉混合。將鳳梨泥煮沸，倒一些果泥在蛋黃和糖的混合物中，接著再全部倒回平底深鍋中，加熱3分鐘至濃稠。放涼並加入青檸汁混合。

MARMDELADE ANANAS鳳梨醬
將鳳梨切成小丁。在平底煎鍋中，將糖煮成焦糖，接著加入鳳梨丁、從剖半的香草莢中刮下的香草籽和花椒。用百香果和青檸汁溶化鍋底焦糖。

CHANTILLY CITRON VERT青檸鮮奶油香醍
在裝有球狀攪拌棒的攪拌缸中，將鮮奶油打發，並加入糖，讓鮮奶油更稠密。在幾乎打至發泡時，加入青檸皮。最後將鮮奶油打發，接著冷藏保存。

MONTAGE組裝
用裝有平口擠花嘴的擠花袋，為泡芙填入鳳梨卡士達奶油醬。將泡芙浸入黃色熟糖中，接著黏在方形折疊派皮的四周。將鳳梨卡士達奶油醬擠在中央，接著鋪上鳳梨醬（挑出花椒粒）。用裝有聖多諾黑擠花嘴的擠花袋將青檸鮮奶油香醍擠滿中央和泡芙之間。

SAINT-HONORÉ AGRUMES
柑橘聖多諾黑

de Nicolas Bernardé 尼可拉·貝納戴

Meilleur Ouvrier de France Pâtissier 2004
Ancien élève de FERRANDI Paris
2004 年法國最佳甜點職人 / 巴黎斐杭狄法國高等廚藝學校校友

6至8人份

準備時間
2小時

烘焙時間
1小時40分鐘

冷藏時間
2小時和1個晚上

保存時間
24小時

器具
擠花袋+直徑15公釐的平口擠花嘴和聖多諾黑擠花嘴
網篩
擀麵棍
直徑15公分的塔圈
裹糖格盤
（Candissoire）
烘焙專用攪拌機
打蛋器
漏斗型濾器
直徑16公分的夏洛特模（Moule à charlotte）

材料
金箔
鈕扣巧克力（Pastille de chocolat）
焦糖

泡芙麵糊
（PÂTE À CHOUX）
鮮乳125克
水125克
鹽5克

糖5克
奶油120克
麵粉125克
蛋4顆

甜酥麵團（PÂTE SUCRÉE）
糖粉100克
奶油100克
蛋黃30克
T55麵粉200克
杏仁粉50克
鹽4克

柑橘類水果（AGRUMES）
柑橘水果5顆
糖
奶油

柑橘庫利（COULIS D'AGRUMES）
洋梨泥200克
柑橘果汁300克
砂糖60克
NH果膠6克
葡萄糖漿50克
轉化糖漿25克

馬斯卡邦輕奶油醬
（CRÈME LÉGÈRE MASCARPONE）
香草莢1根
脂肪含量35%的鮮奶油400克
馬斯卡邦乳酪200克
糖粉60克

香草橙皮布丁
（CRÈME MOELLEUSE VANILLE ET ZESTES D'ORANGE）
鮮乳250克
脂肪含量35%的鮮奶油250克
砂糖100克
香草莢1根
柳橙皮適量
蛋黃140克

──────── PÂTE À CHOUX泡芙麵糊
製作泡芙麵糊（見162頁食譜）。填入擠花袋，擠出15個左右的小泡芙。入烤箱以190℃（溫控器6/7）烤20分鐘。

──────── PÂTE SUCRÉE甜酥麵團
在碗中，用木匙攪拌糖粉和軟化的奶油，直到均勻。加入蛋黃，繼續攪拌至充分混合。倒入預先過篩的麵粉和杏仁粉，以及鹽。再度攪拌至形成密實的麵團。快速揉麵，冷藏靜置2小時。將麵團擀薄，切成直徑16公分的圓。入烤箱以180℃（溫控器6）烤約10分鐘。

──────── AGRUMES柑橘類水果
將柑橘類水果去皮，並將果瓣切丁。在碗中放入柑橘水果丁和糖。混合。靜置15分鐘。柑橘水果丁分散放在耐熱格盤中。加入切丁的奶油。在旋風式烤箱（fours à air pulsé）中以200℃（溫控器6/7）烤10分鐘。移至保存容器中，蓋上保鮮膜，放涼。

──────── COULIS D'AGRUMES柑橘庫利
在平底深鍋中放入洋梨泥和柑橘果汁。加入預先混合的砂糖和NH果膠。全部煮沸。混入預先加熱的葡萄糖漿和轉化糖漿，再次煮沸。移至保存容器，在表面緊貼上保鮮膜，冷藏保存。使用時，請輕輕混入以烤箱烘烤過的柑橘水果丁。

──────── CRÈME LÉGÈRE MASCARPONE馬斯卡邦輕奶油醬
將香草莢剖半，將籽刮下並收集起來。在裝有球狀攪拌棒的攪拌缸中，混入冰涼的鮮奶油、馬斯卡邦乳酪、糖粉和香草籽。將全部打發，冷藏保存。

──────── CRÈME MOELLEUSE VANILLE ET ZESTES D'ORANGE
香草橙皮軟奶油醬
在平底深鍋中將鮮乳、鮮奶油、糖、香草和橙皮煮沸。煮沸時，關火，蓋上保鮮膜，浸泡10分鐘。倒入蛋黃中，用打蛋器不停攪拌。用漏斗型濾器過濾。將備料倒入夏洛特模。擺在預先鋪上1張報紙和水的烤盤上。報紙可讓水不會進到模型中。以旋風式烤箱（fours à air pulsé）120℃（溫控器4）隔水加熱1小時。冷藏冷卻一整晚。隔天，將布丁脫模在盤子或湯盤中。

──────── MONTAGE組裝
為預先蘸上焦糖的泡芙填入馬斯卡邦輕奶油醬。黏在甜酥麵團的四周。將香草橙皮布丁擺在中央，接著放上柑橘庫利。用擠花袋在表面擠出鋸齒狀的奶油醬，接著在中空處擺上柑橘果瓣。以金箔、焦糖小泡芙（或鈕扣巧克力）裝飾。

1

SAVARIN AUX FRUITS
水果薩瓦蘭

15個薩瓦蘭

準備時間
1小時

發酵時間
45分鐘

烘焙時間
30分鐘

保存時間
48小時

器具
直徑8公分的模型15個
溫度計
擠花袋＋星形擠花嘴
打蛋器

材料

芭芭麵團（PÂTE À BABA）
酵母粉15克
溫水100克
蛋150克
上等麵粉（farine gruau T45或
T55）250克
鹽5克
糖15克
融化奶油60克

糖漿（SIROP）
水1000克
糖450至500克

最後修飾
鮮奶油香醍250克
（見201頁食譜）
自選的新鮮水果
（鳳梨、覆盆子...）

PÂTE À BABA芭芭麵團
在鋼盆中，用溫水將酵母粉泡開，接著加入蛋。用手混合奶油以外的所有其他材料。將麵團揉勻。加入45克的融化奶油，接著置於發酵箱（étuve）中發酵。為模型刷上剩餘15克的融化奶油。再度攪拌麵團並放入模型，再以發酵箱發酵至麵團的體積膨脹為2倍。入烤箱以210℃（溫控器7）烤10分鐘，再以160-180℃（溫控器5/6）烘烤15分鐘。在出爐時脫模。

SIROP糖漿
在平底深鍋中將水和糖煮沸。

MONTAGE組裝
將芭芭浸入降溫至60℃的糖漿，直到芭芭被糖漿浸透。用裝有星形擠花嘴的擠花袋，在芭芭上擠出勻稱的鮮奶油香醍，並以水果裝飾。

TRUCS ET ASTUCES DE CHEFS
主廚的技巧與訣竅

· 若沒有發酵箱（ÉTUVE），可置於放有一盆沸水的熄火烤箱中。

· 如果模型內塗抹的奶油太多，芭芭的外層可能會形成小孔。

· 若芭芭太乾燥，可在淋上熱糖漿。

· 你可以用自選的酒或是果泥，為糖漿增添風味。

SAVARIN AU CHOCOLAT
巧克力薩瓦蘭

15個薩瓦蘭

準備時間
1小時30分鐘

發酵時間
45分鐘

烘焙時間
25分鐘

冷藏時間
3小時

保存時間
48小時

器具
直徑8公分的模型15個
溫度計
漏斗型濾器
電動攪拌機
擠花袋＋星形擠花嘴

材料
芭芭麵團（PÂTE À BABA）
酵母粉15克
溫水100克
蛋150克
上等麵粉（farine gruau T45或
T55）225克
鹽5克
糖15克
融化奶油60克

可可糖漿（SIROP DE CACAO）
水1000克
糖450克
可可粉65克
柳橙1顆
君度橙酒（Cointreau）適量
（可省略）

牛奶巧克力打發甘那許
（GANACHE MONTÉ AU CHOCOLAT
AU LAIT）
脂肪含量35%的液狀鮮奶油
450克
轉化糖15克
葡萄糖15克
香草莢1/2根
50%的杏仁膏110克
可可成分41%的覆蓋牛奶巧克力
80克

最後修飾
無色無味的鏡面果膠適量
柳橙1顆
覆蓋黑巧克力100克

PÂTE À BABA芭芭麵團
在鋼盆中，用溫水（25-30℃）將酵母粉拌開，接著加入蛋。用手混合奶油以外的所有材料。將麵團揉勻。加入45克的融化奶油，接著置於發酵箱（étuve）或在約25℃的室溫下發酵。為模型刷上剩餘15克的融化奶油。再度攪拌麵團，接著填入模型，再放入發酵箱中發酵至麵團的體積膨脹為2倍。入烤箱以210℃（溫控器7）烤10分鐘，再以160-180℃（溫控器5/6）烘乾15分鐘。在出爐時脫模。

SIROP DE CACAO可可糖漿
在平底深鍋中將水、糖和可可粉煮沸。用削皮刀削下柳橙皮，放入糖漿中。為平底深鍋蓋上保鮮膜，浸泡幾分鐘。用漏斗型濾器過濾糖漿。

GANACHE MONTÉ AU CHOCOLAT AU LAIT
牛奶巧克力打發甘那許
在平底深鍋中，將160克的液狀鮮奶油、轉化糖和葡萄糖煮沸。加入剖半的香草莢中刮下的香草籽。以小火浸泡2至3分鐘。將杏仁膏慢慢混入熱鮮奶油中，一邊混合均勻。接著將熱的混合物倒入切碎的覆蓋牛奶巧克力中，混合至巧克力完全融化。加入剩餘的液狀鮮奶油，混合並冷藏保存2至3小時。用電動攪拌機將甘那許打發。

MONTAGE組裝
將薩瓦蘭浸入可可糖漿，直到充分吸收糖漿，但仍維持形狀。在糖漿中加入君度橙酒，接著淋在已浸潤的薩瓦蘭上。將薩瓦蘭放入冷藏至冷卻，冷卻後裹上無色無味的鏡面果膠。將打發甘那許填入擠花袋，在每個薩瓦蘭上擠出2圈的花形。取下柳橙果瓣切成丁，勻稱地擺在薩瓦蘭旁。最後再以你選擇的巧克力（見570和572頁技巧）進行裝飾。

BABA ISPAHAN 伊斯帕罕芭芭
de Pierre Hermé 皮耶·艾曼
Meilleur Pâtissier du monde 2016　　2016 世界最佳甜點師

6至8人份

準備時間
2小時

第一次發酵時間
45分鐘

烘焙時間
25分鐘

乾燥時間
48小時

冷藏時間
2小時和1個晚上

保存時間
冷藏24小時

器具
烘焙專用攪拌機
溫度計
噴油罐（Bombe à graisse）
直徑18公分的薩瓦蘭模
（Moule à savarin）
漏勺
打蛋器
手持式電動攪拌棒
漏斗型濾器
裝有葡萄糖的擠花袋
（Poche de glucose）
糕點刷
擠花袋＋直徑14公釐的
平口擠花嘴
和n°25聖多諾黑擠花嘴

材料
芭芭麵團
（PÂTE À BABA）
新鮮酵母粉20克
殺菌全蛋（œufs entiers
pasteurisés）100克
上等麵粉（farine gruau
T45）120克
砂糖30克
極細緻奶油（beurre extra
fin）70克

葛宏得鹽之花（fleur de
sel de Guérande）2克

覆盆子玫瑰芭芭浸潤糖漿
（SIROP D'IMBIBAGE À BABA
FRAMBOISE ET ROSE）
礦泉水600克
砂糖250克
覆盆子泥100克
玫瑰糖漿（sirop de rose）
100克
玫瑰酒露（essence
alcoolique de rose）3克
覆盆子白蘭地（eau-de-vie
de framboise）50克

芭芭酒糖液（IMBIBAGE DES
BABA）
覆盆子白蘭地30克

玫瑰馬斯卡邦奶油醬
（CRÈME DE MASCARPONE À
LA ROSE）
吉利丁（凝結力200
blooms）3克
礦泉水21克
殺菌蛋黃35克
砂糖40克
液狀鮮奶油（脂肪含量
35%）150克
馬斯卡邦乳酪165克
玫瑰糖漿20克
玫瑰酒露2克

荔枝塊（MORCEAUX DE
LITCHIS）
糖漬荔枝適量

最後修飾
直徑21公分的金色糕點底
襯2個
覆盆子白蘭地35克
無色無味的鏡面果膠適量
荔枝塊75克
覆盆子120克
紅玫瑰花瓣10片

——— PÂTE À BABA芭芭麵團

在裝有鉤狀攪拌棒的攪拌缸中，用3/4的蛋將酵母粉拌開，加入麵粉和糖。以慢速混合至形成均勻麵團，接著以中速攪拌5分鐘，並加入剩餘的蛋。將麵團攪拌至不再沾黏攪拌缸內壁且溫度不超過25℃。加入奶油和鹽之花。以中速攪拌麵糊，直到麵糊不再沾黏內壁，而且碰撞內壁時會發出聲響（26℃）。用噴油罐為薩瓦蘭模上油。用手揉整形250克的麵團，在中央戳洞，再放入模型中。輕敲模型，盡可能將氣泡排除。置於發酵箱中，以32℃進行第一次發酵約45分鐘。放入對流烤箱，以170℃（溫控器5/6）烤20分鐘，脫模後再放入烤箱烤5分鐘。在室溫下晾乾2日。

——— SIROP D'IMBIBAGE À BABA FRAMBOISE ET ROSE
　　覆盆子玫瑰芭芭浸潤糖漿

將水、糖和覆盆子泥煮沸。加入糖漿、玫瑰酒露和白蘭地。在50℃時使用，或是冷藏保存。

——— IMBIBAGE DES BABA芭芭酒糖液

在大型平底深鍋中，將浸潤糖漿加熱至50℃。浸入芭芭，小心地轉動，讓蛋糕均勻地吸收糖漿。在蛋糕充分被糖漿所浸潤後，用漏勺取出，擺在置於烤盤上的網架上。淋上大量的覆盆子白蘭地。讓蛋糕瀝乾，冷藏保存2小時。

——— CRÈME DE MASCARPONE À LA ROSE玫瑰馬斯卡邦奶油醬

將吉力丁泡在冷的礦泉水中至少20分鐘。混合蛋黃和糖，將鮮奶油煮沸，並將鮮奶油倒入蛋黃和糖的混合物中。攪打，再倒回平底深鍋中，如同英式奶油醬般煮至85℃。加入泡水的吉力丁、馬斯卡邦乳酪、糖漿和玫瑰酒露。以電動攪拌器攪打至均勻，倒出在表面緊貼上保鮮膜，以密封盒冷藏保存。隔天，在裝有球狀攪拌棒的攪拌缸中，將含馬斯卡邦乳酪的玫瑰英式奶油醬打發，立即使用。

——— MORCEAUX DE LITCHIS荔枝塊

前一天，將去核荔枝瀝乾。依水果大小而定，切成2至3塊。烘焙當天，將荔枝塊倒入漏斗型濾器，盡可能將水分瀝乾。

——— MONTAGE組裝

用裝有葡萄糖的擠花袋將2個金色的糕點底襯黏在一起。為芭芭淋上大量的覆盆子白蘭地。用糕點刷為冰涼的芭芭刷上溫的無色無味鏡面果膠—不能太熱，否則果膠無法被蛋糕吸收。將玫瑰馬斯卡邦奶油醬分裝至二個擠花袋中：一個裝有直徑14公釐的平口擠花嘴，另一個裝有聖多諾黑擠花嘴。將芭芭擺在金色底襯上，並用裝有平口擠花嘴的擠花袋在芭芭凹槽底部擠入馬斯卡邦奶油醬至一半的高度，在整個表面鋪上大量的荔枝塊和覆盆子。再度在圓頂擠上少許奶油醬，並用裝有聖多諾黑擠花嘴的擠花袋，從外朝中央以繞圈的方式擠出火焰狀的奶油醬。在奶油醬周圍擺上10片玫瑰花瓣，並在中央放上1顆新鮮覆盆子。

NIVEAU

1

CHARLOTTE VANILLE-FRUITS ROUGES

香草紅果夏洛特蛋糕

6人份

準備時間
1小時30分鐘

烘焙時間
12分鐘

冷藏時間
3小時

保存時間
3日

器具
打蛋器
擠花袋＋直徑10公釐的
平口擠花嘴
溫度計
透明圍邊紙
直徑18公分的多層蛋糕圈
糕點刷

材料

指形蛋糕體（BISCUIT CUILLÈRE）
蛋白180克
糖150克
蛋黃120克
蛋50克
麵粉150克

巴伐利亞奶油醬（BAVAROISE）
全脂鮮乳125克
香草莢1/2根
蛋黃30克
糖25克
吉力丁片3克
脂肪含量35%的液狀鮮奶油
175克

香草浸潤糖漿
（SIROP DIMBIBAGE VANILLE）
水150克
糖45克
香草莢1/2根

最後修飾
草莓100克
覆盆子100克
蘋果花（Apple blossom）適量

BISCUIT CUILLÈRE指形蛋糕體

製作指形蛋糕體（見222頁食譜）。將麵糊填入裝有裝有平口擠花嘴的擠花袋，在鋪有烤盤紙的烤盤上擠出2個直徑16公分的圓形麵糊、1個以6公分×40公分長條手指狀擠成的帶狀麵糊，以及1個直徑16公分、中間留有直徑8公分中空的花形。將所有麵糊篩上糖粉，入烤箱以200℃（溫控器6/7）烤12分鐘。擺在網架上放涼。

BAVAROISE巴伐利亞奶油醬

製作英式奶油醬（見204頁食譜），煮至83℃，醬汁濃稠至會附著在刮刀上。靜置幾小時。將預先泡水並擰乾的吉力丁在45℃時加入英式奶油醬中。混合至吉力丁溶解。用打蛋器將液狀鮮奶油打發成泡沫狀。在25℃時，用橡皮刮刀將打發鮮奶油輕輕混入膠化的英式奶油醬中。立刻組裝。

SIROP DIMBIBAGE VANILLE香草浸潤糖漿

在平底深鍋中，將水、糖和剖半並刮出的香草籽煮沸。放涼。

MONTAGE組裝

將透明圍邊紙圍在多層蛋糕圈內側，圍上刷有香草糖漿的帶狀蛋糕體正面朝外，接著在底部擺上第1塊刷有糖漿的指形蛋糕體圓餅。倒入一半的巴伐利亞奶油醬，擺上第2塊刷有糖漿的指形蛋糕體圓餅。加入剩餘的巴伐利亞奶油醬。冷藏保存至少2至3小時，脫去多層蛋糕圈。放上中空的蛋糕體，在中空處鋪上新鮮的紅色水果並放上幾朵食用花裝飾。

TRUCS ET ASTUCES DE CHEFS
主廚的技巧與訣竅

你可搭配水果庫利（coulis de fruits）或調味的英式奶油醬，
來享用這道夏洛特蛋糕。

CHARLOTTE COCO-PASSION
椰子百香夏洛特蛋糕

6人份

準備時間
2小時

烘焙時間
12分鐘

冷凍時間
3小時

冷藏時間
40分鐘

保存時間
3日

器具
打蛋器
擠花袋＋直徑10公釐的
平口擠花嘴
溫度計
食物調理機
漏斗型網篩
直徑14公分且高1公分的
Flexipan烤模
透明圍邊紙
直徑18公分且高4.5公分的
多層蛋糕圈

材料
指形蛋糕體（BISCUIT CUILLÈRE）
蛋白90克
糖75克
蛋黃60克
蛋25克
麵粉75克

椰子慕斯（MOUSSE COCO）
椰漿（puré de coco）250克
吉力丁片5克
蛋白40克
糖50克
脂肪含量35%的
打發液狀鮮奶油130克

百香椰子夾層
（INSERT PASSION-COCO）
百香果泥75克
椰漿60克
洋菜2克
砂糖12克

酒糖液（IMBIBAGE）
水60克
檸檬草（citronnelle）10克
糖35克
青檸汁20克
百香果泥75克

最後修飾
無色無味的鏡面果膠100克
鳳梨丁3塊
青檸檬1顆
百香果1顆
檸檬水芹（limon cress）幾片

BISCUIT CUILLÈRE指形蛋糕體
製作指形蛋糕體（見222頁食譜）。將麵糊填入擠花袋，在鋪有烤盤紙的烤盤上擠出2個直徑16公分的圓形麵糊。再擠出1個以6公分×60公分長條手指狀擠成的帶狀麵糊。將所有麵糊篩上糖粉，入烤箱以200℃（溫控器6/7）烤12分鐘。在網架上放涼。

MOUSSE COCO椰子慕斯
在平底深鍋中倒入1/3的椰漿，加熱至50℃，接著加入預先泡水並擰乾的吉力丁。混入剩餘的冷椰漿。將蛋白攪打至起泡，並加糖以增加稠密度打發成蛋白霜。將這蛋白霜混入椰漿中，接著輕輕混入打發的鮮奶油。

INSERT PASSION-COCO百香椰子夾層
在平底深鍋中，將百香果泥和椰漿一起加熱，接著加入洋菜和糖的混合物。煮沸2分鐘，接著放涼。以慢速混合。倒入Flexipan烤模中，冷凍保存1小時。

IMBIBAGE酒糖液
在平底深鍋中，將水煮沸，接著放入切片的檸檬草，浸泡20分鐘。用食物調理機打碎，接著用漏斗型網篩過濾，補充不足的水量至60毫升，接著和糖一起煮沸。倒入保存容器中，加入青檸汁和百香果泥，冷藏保存至少40分鐘。

MONTAGE組裝
將多層蛋糕圈擺在鋪有保鮮膜或透明紙的烤盤上，在蛋糕圈內放入透明圍邊紙。將百香椰子夾層擺在偏離中心的位置。在表面鋪上約1公分的椰子慕斯，冷凍1小時。在預先刷上糖漿的蛋糕體周圍鋪上透明圍邊紙，最後鋪上椰子慕斯，並擺上刷了糖漿的蛋糕體圓餅。再度冷凍保存至少1小時。取出反轉脫去多層蛋糕圈，刷上無色無味的鏡面果膠，以鳳梨丁、幾瓣青檸片、百香果籽和幾片檸檬水芹裝飾。

CHARLOTTE AUX MARRONS ET CLÉMENTINES CONFITES

栗子糖漬小柑橘夏洛特蛋糕

de Gilles Marchal 吉爾·馬夏

Meilleur Pâtissier de l'année 2004　　**2004 年最佳甜點師**

15個迷你夏洛特蛋糕

準備時間
2小時

烘焙時間
4分鐘

冷藏時間
2小時

保存時間
24小時

器具
打蛋器
網篩
擠花袋＋直徑8和12公釐的平口擠花嘴
溫度計
蒙布朗專用不鏽鋼壓條器（Seringue Inox spéciale mont-blanc）
烘焙專用攪拌機
直徑8公分的迷你夏洛特模

材料
指形蛋糕體
（BISCUIT CUILLÈRE）
蛋黃90克
蛋白220克
砂糖250克
T45麵粉250克

棕色陳年蘭姆糖漿
礦泉水200克
糖粉30克
棕色陳年蘭姆酒10克

糖栗慕斯
（MOUSE AUX MARRONS CONFITS）
新鮮蛋黃120克
30°波美糖漿125克
栗子醬
（crème de marron）80克
栗子糊（pâte de marrons）350克
吉力丁片10克
棕色陳年蘭姆酒12克
打發液狀鮮奶油380克
瀝乾並切碎的糖栗150克

栗子細條
（VERMICELLES DE MARRONS）
栗子糊250克
室溫回軟的新鮮奶油40克

波旁香草鮮奶油香醍
（CHANTILLY À LA VANILLE BOURBON）
馬達加斯加波旁香草莢1/2根
脂肪含量35%的液狀鮮奶油250克
砂糖20克

最後修飾
糖漬小柑橘（clémentines confites）適量
焦糖榛果適量
金箔

＊波美糖漿，是使用細砂糖或是砂糖來做成的甜點用糖水。其數字代表濃度。30°代表水1000毫升配上1250克的細砂糖一起煮沸，冷卻後使用。

——— BISCUIT CUILLÈRE指形蛋糕體
將烤箱預熱至210℃（溫控器7）。用打蛋器將蛋黃打至略為泛白。用另一個鋼盆將砂糖將蛋白打發成泡沫狀蛋白霜。加入蛋黃，接著是過篩麵粉，輕輕混合。用裝有直徑12公釐平口擠花嘴的擠花袋，在烤盤紙上擠出每個直徑5公分的麵糊。立刻入烤箱烤約3至4分鐘。

——— PUNCH VIEUX RHUM BRUN棕色陳年蘭姆潘趣酒
混合所有材料。

——— MOUSE AUX MARRONS CONFITS糖栗慕斯
用打蛋器將蛋黃攪打至泛白。將糖漿煮至121℃，以細流狀緩緩倒入蛋黃中混合。將這沙巴雍（sabayon）放涼。以沙巴雍將栗子醬與栗子糊調軟。用溫蘭姆酒讓預先泡水並擰乾的吉力丁融化，接著加入先前的混合物中。混入打發鮮奶油，接著是糖栗塊。將慕斯填入裝有直徑12公釐平口擠花嘴的擠花袋內。

——— VERMICELLES DE MARRONS栗子細條
拌合所有材料，形成平滑且均勻的麵團。裝入壓條器或填入裝有小孔擠花嘴的擠花袋中。

——— CHANTILLY À LA VANILLE BOURBON波旁香草鮮奶油香醍
將香草莢剖半，刮下香草籽並收集起來。在裝有球狀攪拌棒的攪拌缸中，放入非常冰涼的鮮奶油、糖和香草籽。攪打全部材料，直到形成濃稠滑順的鮮奶油香醍。冷藏保存。

——— MONTAGE組裝
將糖漬小柑橘和一些焦糖榛果切成小塊。在迷你夏洛特模底部擺上1塊刷上蘭姆糖漿的蛋糕體圓餅。鋪上栗子慕斯至一半的高度，再擺上幾塊糖漬小柑橘和榛果。擺上第2塊刷有糖漿的蛋糕體圓餅，冷藏凝固2小時。可為夏洛特蛋糕脫模，也可如照片般直接為栗子慕斯蓋上鮮奶油香醍至略為鼓起。用壓條器在鮮奶油香醍的整個表面擠上漂亮的細條。以糖栗、糖漬小柑橘、焦糖榛果和金箔進行裝飾。

MONT-BLANC
蒙布朗

6人份

準備時間
30分鐘

烘焙時間
3小時

冷凍時間
20分鐘

保存時間
48小時

器具
烘焙專用攪拌機
網篩
直徑16公分的塔圈
擠花袋＋直徑15和6公釐的平口
擠花嘴和小的星形擠花嘴或蒙布
朗擠花嘴
抹刀
打蛋器
直徑14公分的多層蛋糕圈

材料
法式蛋白霜
（MERINGUE FRANÇAISE）
蛋白120克
糖100克
糖粉100克

鮮奶油香醍
（CRÈME CHANTILLY）
脂肪含量35%的液狀鮮奶油
300克
糖粉25克
香草莢1根

栗子奶油醬
（CRÈME DE MARRON）
栗子醬（pâte de marrons）
300克
脂肪含量35%的液狀鮮奶油
100克
栗子醬（crème de marron）
300克

MERINGUE FRANÇAISE 法式蛋白霜
製作法式蛋白霜（見食譜234頁）。在刷上少許奶油且擺在烤盤紙上的直徑16公分的多層蛋糕圈中，用裝有平口擠花嘴的擠花袋擠出厚1公分的蛋白霜作為基底。將蛋白霜朝多層蛋糕圈邊緣鋪開，並用抹刀抹平，形成平坦的邊。小心移去多層蛋糕圈，入烤箱以80℃（溫控器2/3）烤3小時。此外，請用裝有直徑6公釐平口擠花嘴的擠花袋擠出幾條細棍狀的蛋白霜一起烘烤，之後作為裝飾。

CRÈME CHANTILLY 鮮奶油香醍
在裝有球狀攪拌棒的攪拌缸中，將鮮奶油、糖和預先從剖半的香草莢上刮下的香草籽打發，直到形成鮮奶油香醍。

CRÈME DE MARRON 栗子奶油醬
在不鏽鋼盆中，用打蛋器將栗子醬和液狀鮮奶油混拌至柔軟，接著混入栗子醬。

MONTAGE 組裝
在烤好的蛋白餅中間擠上一球的鮮奶油香醍。用裝有蒙布朗擠花嘴的擠花袋，在烤盤紙上擠上大量由栗子奶油醬形成的細絲。冷凍保存約20分鐘，接著用直徑14公分的塔圈將細絲裁成整齊的圓，擺在蛋糕上，以蛋白細棍與金箔裝飾。

MONT-BLANC RHUBARBE-MARRON

大黃栗子蒙布朗

6人份

準備時間
2小時

冷藏時間
2小時

烘焙時間
3小時30分鐘

保存時間
24小時

器具
打蛋器
網篩
擀麵棍
直徑16公分的塔圈
溫度計
直徑14公分且高4公分的多層蛋糕圈
擠花袋＋直徑15公釐的平口擠花嘴和小的星形擠花嘴或蒙布朗擠花嘴
漏斗型濾器
烘焙專用攪拌機
糕點刷

材料
榛果甜酥麵團
（PÂTE SUCRÉEOISETTE）
奶油75克
糖粉50克
榛果粉15克
蛋20克
香草莢粉1刀尖
麵粉125克

大黃果凝
（GELÉE DE RHUBARBE）
大黃果泥125克
糖7克
檸檬汁3克
吉力丁片2.5克

指形蛋糕體（BISCUIT CUILLÈRE）
糖15克
蛋白25克
蛋黃14克
麵粉9克
玉米粉9克

大黃糖漿（SIROP DE RHUBARBE）
水45克
大黃泥45克
糖45克
香草莢1根

英式奶油醬（CRÈME ANGLAISE）
脂肪含量35%的液狀鮮奶油190克
香草莢1根
蛋黃40克
糖45克
吉力丁粉3克
水18克

香草馬斯卡邦奶油醬（CRÈME MASCARPONE À LA VANILLE）
馬斯卡邦乳酪115克
英式奶油醬170克
（見上述材料）

栗子奶油醬
（CRÈME DE MARRON）
栗子糊（pâte de marrons）84克
蘭姆酒2克
蜂蜜4克
栗子醬84克
膏狀奶油40克

法式蛋白霜
（MERINGUE FRANÇAISE）
蛋白100克
糖100克
糖粉100克

PÂTE SUCRÉEOISETTE 榛果甜酥麵團
製作甜酥麵團（見60頁食譜）。用保鮮膜包起，冷藏保存至少30分鐘。擀平後，將塔皮鋪在直徑16公分的塔圈中。入烤箱以180℃（溫控器6）空烤12分鐘。

GELÉE DE RHUBARBE 大黃果凝
在平底深鍋中，將果泥加熱至50℃。加入糖和檸檬汁。攪拌至糖溶解。混入預先泡水並擰乾的吉力丁，一邊混合。倒入直徑14公分的多層蛋糕圈，冷藏保存1小時。

BISCUIT CUILLÈRE 指形蛋糕體
製作指形蛋糕體（見222頁食譜）。用裝有平口擠花嘴的擠花袋，擠出直徑16公分的圓形麵糊。入烤箱以220℃（溫控器7/8）烤10至12分鐘。

SIROP DE RHUBARBE 大黃糖漿
在平底深鍋中，將所有材料煮沸。放涼。

CRÈME ANGLAISE 英式奶油醬
製作英式奶油醬（見204頁食譜）。冷藏保存30分鐘。

CRÈME MASCARPONE À LA VANILLE 香草馬斯卡邦奶油醬
在裝有球狀攪拌棒的攪拌缸中，將馬斯卡邦乳酪打發成如同鮮奶油香醍般的質地。用橡皮刮刀輕輕將打發的馬斯卡邦乳酪混入降溫至18℃的英式奶油醬。

CRÈME DE MARRON 栗子奶油醬
在不鏽鋼盆中，用打蛋器將栗子醬、蘭姆酒、和蜂蜜拌合至柔軟。混入栗子醬，接著是膏狀奶油。攪打至形成蓬鬆的質地。

MERINGUE FRANÇAISE 法式蛋白霜
製作法式蛋白霜（見234頁食譜）。在鋪有烤盤紙的烤盤上，用裝有平口擠花嘴的擠花袋擠出尖頭水滴狀的蛋白霜小球。入烤箱以80℃（溫控器2/3）烤約3小時。

MONTAGE 組裝
在多層蛋糕圈內擺上指形蛋糕體。刷上大黃糖漿。擺上大黃果凝圓餅，接著是馬斯卡邦奶油醬。用裝有蒙布朗擠花嘴的擠花袋，在表面擠出栗子奶油醬的細絲裝飾，脫去蛋糕圈並用幾小顆水滴狀蛋白霜，擠上幾滴露珠般的鏡面果膠點綴。

MONT-BLANC
蒙布朗

de Yann Menguy 揚·孟奇
Ancien élève de FERRANDI Paris
巴黎斐杭狄法國高等廚藝學校校友

10個蒙布朗	**材料**
	甜酥麵團
準備時間	（PÂTE SUCRÉE）
2小時	麵粉250克
	糖粉80克
烘焙時間	烘焙杏仁粉30克
5小時15分鐘	細鹽1克
	奶油150克
保存時間	蛋65克
24小時	
	栗子奶油醬（CRÈME DE MARRON）
器具	栗子醬300克
烘焙專用攪拌機	栗子糊（pâte de marrons）450克
網篩	栗子泥（purée）100克
擀麵棍	鹽之花2克
直徑8公分的塔圈	水90克
烤盤墊	克萊蒙XO陳年蘭姆酒
打蛋器	（rhum vieux Clément XO）35克
擠花袋＋	
直徑18公釐的平口	**香草鮮奶油香醍**
擠花嘴和扁口擠花	（CRÈME CHANTILLY VANILLE）
嘴（douille plate）	液狀鮮奶油300克
抹刀	糖粉15克
蛋糕轉盤	栗子花蜜（miel de châtaigner）10克
（Tourne-disque）	波旁香草莢1/2根
	栗子碎適量
	蛋白霜（MERINGUE）
	蛋白50克
	砂糖50克
	糖粉50克

——— PÂTE SUCRÉE甜酥麵團

在裝有槳狀攪拌棒的攪拌缸中，混合所有的粉類和冷奶油，攪拌至形成砂礫狀，接著加入蛋。在麵團均勻時，擀成2公釐的厚度，接著用直徑8公分的塔圈裁成圓餅。擺在烤盤墊上，入烤箱以160℃（溫控器5/6）烤12分鐘。

——— CRÈME DE MARRON栗子奶油醬

在裝有槳狀攪拌棒的攪拌缸中，以中速混合所有材料。用網篩篩去結塊的顆粒，接著冷藏保存。

——— CRÈME CHANTILLY VANILLE香草鮮奶油香醍

在冰涼的不鏽鋼盆中倒入從前一天冷藏的鮮奶油、糖粉、蜂蜜、從剖半的香草莢中刮下的香草籽，以及栗子碎。用打蛋器將鮮奶油打發。但不要過度打發，因為油脂會聚集，因而形成顆粒狀並喪失滑順度。

——— MERINGUE蛋白霜

用打蛋器將蛋白打發，分3次加入砂糖。在蛋白霜均勻打發後，一次加入糖粉。用裝有直徑18公釐平口擠花嘴的擠花袋，在鋪有烤盤紙的烤盤上擠出每顆直徑5公分的球。入烤箱以65℃（溫控器2/3）烤5小時。

——— MONTAGE組裝

將蛋白霜球用少許鮮奶油香醍黏在甜酥麵團底部，接著用抹刀為蛋白霜蓋上鮮奶油香醍，外層鋪上栗子奶油醬調整成金字塔狀，將蛋糕擺在蛋糕轉盤上，用扁口擠花嘴將栗子奶油醬擠出螺旋狀的外觀。頂端可放上剝成小塊狀的小球狀蛋白霜裝飾。

ENTREMETS GANACHE
甘那許蛋糕

6至8人份

準備時間
1小時

烘焙時間
25分鐘

冷藏時間
1小時

保存時間
48小時

器具
電動攪拌機
溫度計
網篩
烤盤紙
直徑16公分的高邊烤模
（Moule à manqué）
直徑16公分的多層蛋糕圈
糕點刷
鋸齒刀
抹刀

材料
巧克力海綿蛋糕
（GÉNOISE AU CHOCOLAT）
糖100克
蛋150克
麵粉50克
玉米粉30克
泡打粉1.5克
可可粉20克

甘那許（GANACHE）
脂肪含量35%的液狀鮮奶油
220克
葡萄糖60克
可可成分50%的黑巧克力
300克
奶油60克

巧克力蛋糕糖漿
（SIROP ENTREMENTS CHOCOLAT）
水110克
糖100克
可可粉20克

鏡面（GLAÇAGE）
甘那許200克
葡萄糖80克

GÉNOISE AU CHOCOLAT巧克力海綿蛋糕
在隔水加熱鍋中，用電動攪拌機混合糖和蛋至45℃。接著在離火後繼續攪打至緞帶狀，直到完全冷卻。將所有的粉類一起過篩，用橡皮刮刀混入，以免麵糊消泡或分離。倒入鋪有烤盤紙的模型中。入烤箱以200℃（溫控器6/7）烤約25分鐘。

GANACHE甘那許
在平底深鍋中，將鮮奶油和葡萄糖煮沸。倒入切碎的巧克力中拌至融化。加入切丁的奶油，混合至形成平滑的甘那許。放涼至15至18℃之間再使用。保留200克作為最後的鏡面。

SIROP ENTREMENTS CHOCOLAT巧克力蛋糕糖漿
在平底深鍋中，加熱水、糖和可可粉至均勻。冷藏30分鐘放涼。

GLAÇAGE鏡面
在平底深鍋中放入200克預留的甘那許和葡萄糖。加熱至35℃。

MONTAGE組裝
用鋸齒刀將海綿蛋糕橫切成三等分。在第1塊海綿蛋糕上用糕點刷刷上糖漿，放入16公分的蛋糕圈中，均勻地鋪上150克的甘那許。擺上另一塊海綿蛋糕。用糕點刷刷上糖漿。再鋪上150克的甘那許。擺上最後一塊海綿蛋糕，刷上糖漿。用抹刀鋪上所有的甘那許並抹平，冷藏保存30分鐘。脫模後將蛋糕擺在網架上，在表面淋上鏡面。製作圓錐形紙袋（見598頁技巧）並填入調溫巧克力（見570和572頁技巧），在表面寫出漂亮的「ganache」字樣，並在蛋糕邊緣擠出小型的花紋作為裝飾。

ENTREMETS GANACHE
甘那許蛋糕

10人份

準備時間
3小時

烘焙時間
20分鐘

保存時間
48小時

器具
打蛋器
電動攪拌機
溫度計
手持式電動攪拌棒
玻璃紙
20公分×30公分的方形蛋糕框
抹刀

材料
巧克力蛋糕體
(BISCUIT AU CHOCOLAT)
蛋黃100克
糖75克
麵粉22克
馬鈴薯澱粉 (fécule de pomme de terre)17克
可可粉22克
奶油45克
轉化糖漿4克
蛋白105克
糖30克

糖煮覆盆子
(COMPOTÉE DE FRAMBOISES)
整顆急速冷凍的覆盆子160克
檸檬汁6克
糖75克
NH果膠3克
吉力丁片1克

覆盆子甘那許
(GANACHE FRAMBOISES)
脂肪含量35%的液狀鮮奶油140克
覆盆子泥140克
可可成分64%的孟加里 (Manjari) 覆蓋黑巧克力100克
可可成分70%的瓜納拉 (Guanaja) 覆蓋黑巧克力100克

黑巧克力鏡面
(GLAÇAGE CHOCOLAT NOIR)
水42克
糖45克
葡萄糖45克
含糖煉乳30克
吉力丁粉3克
可可成分60%的黑巧克力45克

矩形巧克力
(RECTANGLES DE CHOCOLAT)
可可成分64%的覆蓋黑巧克力50克

BISCUIT AU CHOCOLAT巧克力蛋糕體
用打蛋器將蛋黃和糖打發。用刮刀輕輕加入粉類和融化奶油。混入轉化糖漿和以電動攪拌機另外打發，並以糖增加稠密度的蛋白霜。在烤盤（40公分×30公分）上將麵糊鋪至3公釐的厚度。入烤箱以170℃（溫控器5/6）烤約12分鐘。

COMPOTÉE DE FRAMBOISES糖煮覆盆子
在平底深鍋中將尚未解凍的覆盆子和檸檬汁加熱。在溫度尚未到達50℃之前加入糖和果膠的混合物，接著煮沸2分鐘。混入預先泡水並瀝乾的吉力丁。預留備用。

GANACHE FRAMBOISES覆盆子甘那許
在平底深鍋中將鮮奶油煮沸，接著加入果泥，再度煮沸。倒入切碎的巧克力中攪拌至融化。混合至形成平滑的甘那許。

GLAÇAGE CHOCOLAT NOIR黑巧克力鏡面
將24克的水、糖和葡萄糖加熱至105℃。倒入含糖煉乳中，加入預先以18克的水泡開的吉力丁，混合。倒入切碎的黑巧克力中，接著趁熱以手持式電動攪拌棒攪打至均質。預留備用。

RECTANGLES DE CHOCOLAT矩形巧克力
為巧克力調溫（見570和572頁技巧）。鋪在玻璃紙上，讓巧克力凝固幾分鐘。裁成2公分×6公分的長矩形，放涼。

MONTAGE組裝
將蛋糕體裁成20×30公分，取一片擺在方形蛋糕框底部。用抹刀鋪上薄薄一層糖煮覆盆子。重複同樣的步驟二次。脫模並將整個蛋糕淋上35℃的鏡面，再以矩形巧克力裝飾。

RÉINTERPRÉTATION ENTREMETS « GANACHE »

解構「甘那許」蛋糕

d'Ophélie Barès 歐斐莉·巴黑

Ancienne élève de FERRANDI Paris
巴黎斐杭狄法國高等廚藝學校校友

4個單人小蛋糕

準備時間
1小時

烘焙時間
15分鐘

冷藏時間
24小時

器具
烘焙專用攪拌機
網篩
矽膠烤盤墊
打蛋器
手持式電動攪拌棒
溫度計
透明紙
擠花袋＋直徑10公釐的平口擠花嘴

材料

可可蛋糕體 (BISCUIT CACAO)
蛋120克
砂糖170克
杏仁粉60克
麵粉40克
可可粉45克
葵花油130克
蛋白180克

可可柚子糖漿
(SIROP CACAO-YUZU)
水50克
糖75克
柚子汁50克
可可粉10克

牛奶巧克力甘那許
(GANACHE CHOCOLAT AU LAIT)
脂肪含量35%的液狀鮮奶油535克
葡萄糖漿45克
法芙娜（吉瓦納）牛奶巧克力285克

巧克力裝飾 (DÉCOR CHOCOLAT)
可可成分64%的覆蓋黑巧克力
200克

最後修飾
可可粉適量

——— BISCUIT CACAO可可蛋糕體

將烤箱預熱至175℃（溫控器5/6）。將蛋和110克的糖打發成濃稠的緞帶狀，同時將杏仁粉、麵粉和可可粉一起過篩備用。取部分的蛋糊和葵花油混合，接著將這混合物倒回蛋糊中。將蛋白打發成泡沫狀，加入剩餘的糖，讓蛋白霜變得更稠密。用橡皮刮刀將一半的泡沫狀蛋白霜混入麵糊中，接著加入過篩的粉類。混入剩餘的打發蛋白霜。在鋪有烤盤墊的烤盤上鋪上麵糊，入烤箱烤12分鐘。取出冷卻。

——— SIROP CACAO-YUZU可可柚子糖漿

在平底深鍋中將水和糖煮沸，接著離火，混入柚子汁和可可粉，一邊以打蛋器混合。預留備用。

——— GANACHE CHOCOLAT AU LAIT牛奶巧克力甘那許

在平底深鍋中，將195克的液狀鮮奶油和葡萄糖漿煮沸，接著將混合物分3次倒入預先切碎的巧克力中，攪拌至均勻乳化。混入剩餘冷的液狀鮮奶油，混合，接著以手持式電動攪拌棒攪打至均質。蓋上保鮮膜，冷藏保存24小時。

——— DÉCOR CHOCOLAT巧克力裝飾

將巧克力隔水加熱至融化，並進行調溫（見570和572頁技巧）。在透明紙上，用刮刀將調溫巧克力鋪開，製作11公分×3.5公分的長方片。讓巧克力凝固。

——— MONTAGE組裝

在冷卻的蛋糕體上刷上可可柚子糖漿。用打蛋器將牛奶巧克力甘那許打發。將3/4的甘那許鋪在蛋糕體上，從烤盤的寬邊將蛋糕體裁成6條邊長9公分的帶狀。將3條蛋糕體交疊。剩餘的3條也重複同樣的動作。冷藏幾分鐘，接著切成邊長9公分的方塊，形成4塊個人小蛋糕。在每個組裝好的蛋糕周圍擺上長方形的巧克力片。將剩餘的甘那許填入裝有平口擠花嘴的擠花袋，在每塊小蛋糕上擠出小球狀的甘那許。撒上大量的可可粉，接著用烤盤輕輕按壓甘那許，將小球壓扁。

MOKA CAFÉ

摩卡咖啡蛋糕

8人份

準備時間
2小時

烘焙時間
25分鐘

冷藏時間
15分鐘

保存時間
3日

器具
烘焙專用攪拌機
溫度計
網篩
直徑20公分的高邊烤模
（Moule à manqué）
鋸齒刀
糕點刷
大＋小抹刀
擠花袋＋星形擠花嘴

材料

傑諾瓦士海綿蛋糕（GÉNOISE）
蛋150克
糖90克
麵粉90克

奶油霜（CRÈME AU BEURRE）
糖180克
水60克
蛋120克
室溫奶油320克
咖啡精萃或即溶咖啡粉適量

糖漿（SIROP）
水75克
糖75克
咖啡精萃適量

最後修飾
烘焙杏仁片適量
巧克力咖啡豆適量

GÉNOISE傑諾瓦士海綿蛋糕

在裝有球狀攪拌棒的攪拌缸中，將蛋和糖攪打至泛白。打發至形成濃稠的的緞帶狀（35-40℃）。混入預先過篩的麵粉，並用橡皮刮刀輕輕混合。倒入刷上奶油並撒上麵粉的模型中。入烤箱以180℃（溫控器6）烤20至25分鐘。

CRÈME AU BEURRE奶油霜

在平底深鍋中放入糖和水，煮至117℃。在裝有球狀攪拌棒的攪拌缸中將蛋打發成泡沫狀，緩緩以細流狀加入熟糖漿持續攪打。以中速攪拌至溫度降至20-25℃。混入室溫奶油，攪拌至形成乳霜狀，接著加入咖啡精萃。

SIROP糖漿

在平底深鍋中將水和糖煮沸。加入咖啡精萃，保存並在冷卻時使用。

MONTAGE組裝

將海綿蛋糕橫切成3塊同樣厚度的圓餅。用糕點刷為第1塊圓餅刷上糖漿。鋪上約150克的咖啡奶油霜，用抹刀均勻鋪開。為第2塊海綿蛋糕圓餅刷上糖漿，將刷有糖漿的那面擺在咖啡奶油霜上，接著為另一面刷上糖漿，再蓋上咖啡奶油霜（150克）。放上最後1塊預先刷上糖漿的海綿蛋糕圓餅，刷有糖漿面朝向咖啡奶油霜。為整個摩卡蛋糕覆蓋上相當柔軟的咖啡奶油霜。用小抹刀開始將蛋糕周圍抹平（一手拿著蛋糕），接著用較大的抹刀抹平表面（擺在工作檯上），進行最後修飾。用手拿起蛋糕，用小抹刀將周圍抹平，形成極為平滑的鋪面。冷藏凝固約15分鐘。繼續抹上第2層非常柔軟的奶油霜，在冷的蛋糕上形成更為平滑的表面。用鋸齒刀的刀刃處，在蛋糕表面進行小幅度前後往返的動作。再度將側邊多餘的奶油霜抹平，形成明確的棱邊，接著將烘焙杏仁片黏至蛋糕周圍2/3的高度。用裝有星形擠花嘴的擠花袋，在摩卡蛋糕表面擠出咖啡奶油霜作為裝飾。加上幾顆巧克力咖啡豆，保存於陰涼處。

MOKA
摩卡蛋糕

6至8人份

準備時間
3小時

烘焙時間
30分鐘

浸泡時間
24小時

冷藏時間
3小時

保存時間
3日

器具
烘焙專用攪拌機
直徑18公分且高3.5公分的
多層蛋糕圈
溫度計
打蛋器
手持式電動攪拌棒
直徑16公分的矽膠烤模
噴槍
漏斗型網篩
糕點刷
抹刀
擠花袋＋聖多諾黑擠花嘴

材料
浸泡咖啡鮮奶油
（CRÈME AU CAFÉ INFUSÉE）
咖啡豆（café en grains）40克
脂肪含量35%的液狀鮮奶油
1/2公升

咖啡蛋糕體（BISCUIT AU CAFÉ）
50%的杏仁膏280克
初階糖（sucre vergeoise）38克
即溶咖啡粉（café soluble）5克
蛋200克

融化榛果奶油（beurre fondu noisette）75克
麵粉65克

奶油霜（CRÈME AU BEURRE）
糖240克
水60克
全蛋或蛋白120克
奶油320克
依個人喜好而定，咖啡精萃或
即溶咖啡粉適量

貝禮詩香甜酒奶油醬夾層
（INSERT CRÈME BAILEYS）
糖50克
香草莢1根
浸泡咖啡鮮奶油200克
（見上述材料）
蛋黃100克
吉力丁片3克
貝禮詩香甜酒（Baileys）50克
粗紅糖適量

浸潤糖漿（SIROP D'IMBIBAGE）
糖50克
濃縮咖啡150克
蘭姆酒5克

鏡面（GLAÇAGE）
全脂鮮乳125克
即溶咖啡粉1克
葡萄糖漿45克
吉力丁片4.5克
伊芙兒白巧克力
（chocolat ivoire）165克
伊芙兒鏡面淋醬
（pâte à glacer ivoire）160克

最後修飾
巧克力小圓餅
咖啡豆幾顆
金箔1張

CRÈME AU CAFÉ INFUSÉE浸泡咖啡鮮奶油
從前一天開始，用液狀鮮奶油冷泡咖啡豆。

BISCUIT AU CAFÉ咖啡蛋糕體
在裝有球狀攪拌棒的攪拌缸中，混合杏仁膏、糖和即溶咖啡粉。一次一個地慢慢加入蛋，攪拌均勻。混合並打發至形成緞帶狀。取部分少量的杏仁蛋糊與冷的榛果奶油混合，倒回杏仁蛋糊中攪拌均勻，接著用橡皮刮刀輕輕加入麵粉。倒入預先上油的多層蛋糕圈中，入烤箱以180℃（溫控器6）烤20至30分鐘。脫模後預留備用。

CRÈME AU BEURRE奶油霜
在平底深鍋中，將糖和水加熱至117℃。在裝有球狀攪拌棒的攪拌缸中，將全蛋或蛋白打成泡沫狀。緩緩以細流狀倒入熱糖漿，將蛋糊（炸彈麵糊或蛋白霜）持續攪拌。降溫至30℃時，加入奶油。混合至形成平滑的質地，接著加入咖啡精萃。

INSERT CRÈME BAILEYS貝禮詩香甜酒奶油醬夾層
用浸泡咖啡鮮奶油製作英式奶油醬（見204頁食譜）。加入預先泡開並擰乾的吉力丁、貝禮詩香甜酒，並用手持式電動攪拌棒攪打鮮奶油，再倒入直徑16公分的矽膠模。冷凍保存。為冷凍的夾層撒上粗紅糖，用噴槍將表面烤成焦糖，接著再度冷凍。

SIROP D'IMBIBAGE浸潤糖漿
在平底深鍋中，將糖和濃縮咖啡加熱至40℃，讓糖溶解。放涼後加入蘭姆酒。冷藏保存。

GLAÇAGE鏡面
將鮮乳、即溶咖啡粉和葡萄糖加熱至105℃。加入泡水並擰乾的吉力丁，混合。倒入切碎的伊芙兒白巧克力和伊芙兒鏡面淋醬中。用手持式電動攪拌棒攪打至平滑。用漏斗型網篩過濾並預留備用。

MONTAGE組裝
將蛋糕體切成約厚1公分的2塊蛋糕體。將1片預先刷上糖漿的蛋糕體擺在直徑18公分的多層蛋糕圈底部。在多層蛋糕圈內緣鋪上奶油霜，並在蛋糕體上鋪上薄薄一層奶油霜。擺上焦糖貝禮詩香甜酒奶油醬夾層，再鋪上一層奶油霜，接著擺上第2塊刷上糖漿的蛋糕體。為蛋糕抹上奶油霜，冷藏保存約2小時後再脫模。
將蛋糕擺在置於烤盤的網架上，用25℃的鏡面淋在蛋糕的整個表面。讓鏡面凝固後再以巧克力圓餅、巧克力小裝飾（見592至598頁的技巧），以及裝有聖多諾黑擠花嘴的擠花袋擠出剩餘的奶油霜進行裝飾。可加上巧克力咖啡豆和一點金箔。

6人份

準備時間
2小時30分鐘

烘焙時間
15分鐘

保存時間
24小時

器具
溫度計
擀麵棍
直徑16公分的多層蛋糕圈3個
食物料理機
電動攪拌機
網篩
手持式電動攪拌棒
打蛋器
漏斗型濾器
霧狀噴槍
直徑18公分的多層蛋糕圈
無擠花嘴的擠花袋

材料
金色阿澤麗雅脆片
**(CROUSTILLANT ÉCLAT
D'OR/AZELIA)**
阿澤麗雅覆蓋巧克力
(azelia)29.8克
榛果帕林內29.8克
榛果醬29.8克
金黃脆片
(éclat d'or)29.8克
鹽之花0.8克

咖啡熱內亞海綿蛋糕
(PAIN DE GÊNES CAFÉ)
66%的杏仁膏89.9克
鹽0.5克
蛋73.8克
蛋黃16.2克
麵粉18克
馬鈴薯澱粉1.8克
融化奶油14.4克
咖啡醬(pâte de café)5.4克

苦橘醬(MARMELADE
D'AGRUMES AMERS)
吉力丁粉0.5克
結合水3.3克
柳橙76.6克
柚子汁19.2克
新鮮橘子汁38.3克
香草莢0.8克
糖57.7克
果膠1.9克
紅帶柑曼怡香橙干邑
(Grand Marnier Cordon
Rouge)1.9克

咖啡牛奶巧克力泡沫奶油醬
(CRÈME MOUSSEUSE AU
CHOCOLAT AU LAIT CAFÉ)
吉力丁粉2.4克
結合水14.4克
鮮乳37.9克
脂肪含量35%的液狀鮮奶
油37.9克
象豆咖啡豆(café en
grains Maragogype)7.4克
蛋黃37.9克
可可成分40%的吉瓦納覆
蓋牛奶巧克力(Jivara au
lait)82.1克
即溶咖啡粉1.1克
脂肪含量35%的液狀鮮奶
油78.9克

咖啡精萃鏡面
(GLAÇAGE ABSOLU CAFÉ)
法芙娜精粹鏡面淋
醬(nappage absolu
Valrhona)500克
濃縮咖啡40克
濃縮咖啡精萃華(extrait
de café liquide Trablit)
10克

MOKA
摩卡蛋糕

de Julien Alvarez 朱利安·亞瓦黑

Champion du Monde de Pâtisserie 2011
2011 年世界甜點冠軍

———— CROUSTILLANT ÉCLAT D'OR/AZELIA金色阿澤麗雅脆片
將阿澤麗雅覆蓋巧克力加熱至45℃,讓巧克力融化,接著混入榛果帕林內和榛果醬中。加入金黃脆片、鹽之花,輕輕混合。鋪至4公釐的厚度。冷藏凝固。裁成直徑16公分的圓餅,預留作為最後組裝用。

———— PAIN DE GÊNES CAFÉ咖啡熱內亞海綿蛋糕
用食物料理機將杏仁膏和鹽攪碎,同時慢慢加入蛋和蛋黃。接著以電動攪拌機打發。輕輕混入過篩的麵粉和馬鈴薯澱粉,接著拌入溫的融化奶油和咖啡醬。倒入直徑16公分的蛋糕圈,放入對流烤箱(four ventilé),以160℃(溫控器5/6)烤15分鐘。

———— MARMELADE D'AGRUMES AMERS苦橘醬
將冷水倒入吉力丁粉中。混合至形成均勻的團塊,冷藏至少20分鐘,將吉力丁泡開。將柳橙約略切塊,並去掉中間的白色果囊。在平底深鍋中,以柚子汁、橘子汁、香草莢和38.3克的糖加熱所有材料。用手持式電動攪拌棒進行第一次攪打。將剩餘的糖和果膠混合均勻一次倒入,接著再度煮沸。加入吉力丁塊和柑曼怡香橙干邑。再度攪打至形成平滑的質地。冷藏保存。

———— CRÈME MOUSSEUSE AU CHOCOLAT AU LAIT CAFÉ
　　　咖啡牛奶巧克力泡沫奶油醬
將冷水倒入吉力丁粉中。混合至形成均勻的團塊,冷藏至少20分鐘。在平底深鍋中將鮮乳和鮮奶油煮沸。浸泡預先研磨好的咖啡粉至少10分鐘。用漏斗型濾器過濾,用鮮乳來補足浸泡液。倒入打散的蛋黃中,接著煮至85℃。接著倒入以小火加熱至融化的巧克力、即溶咖啡和吉力丁塊混合物。用手持式電動攪拌棒攪打至乳化。在降溫至30-35℃時混入打發成泡沫狀的鮮奶油。

———— GLAÇAGE ABSOLU CAFÉ咖啡精萃鏡面
在平底深鍋中將所有材料煮沸,接著將鏡面裝入噴槍中。

———— MONTAGE組裝
在直徑16公分的蛋糕圈中放入脆片圓餅。將熱內亞海綿蛋糕圓餅縱切半。將半塊擺在脆片上,接著用擠花袋擠上160克的苦橘醬。擺上另外半塊的蛋糕體,冷凍保存。在直徑18公分的蛋糕圈中倒入咖啡牛奶巧克力泡沫奶油醬,接著在內部擺上先前組裝好的部分。冷藏凝固。脫模後將蛋糕翻面,再用噴槍噴上鏡面。

ANANAS-BASILIC THAÏ
泰國羅勒鳳梨蛋糕

6至8人份

準備時間
3小時

烘焙時間
30分鐘

冷凍時間
2小時30分鐘

保存時間
冷藏48小時

器具
直徑18公分的多層蛋糕圈2個
打蛋器
直徑16公分的多層蛋糕圈
溫度計
漏斗型濾器
手持式電動攪拌棒

材料
水果蛋糕體（BISCUIT À CAKE）
奶油55克
糖50克
蛋65克
麵粉65克
泡打粉1克
脂肪含量35%的液狀鮮奶油15克
鳳梨泥25克
香煎鳳梨（ananas poêlés）
150克

輕酥餅（SABLÉ LÉGER）
白巧克力45克
奶油75克
粗紅糖15克
杏仁粉30克
蛋黃15克
鹽之花1克
麵粉42克

泰國羅勒鳳梨果凝
（GELÉE D'ANANAS-BASILIC THAÏ）
切丁鳳梨40克
龍舌蘭糖漿（sirop d'agave）
25克
鳳梨果泥125克
泰國羅勒（basilic thaï）5克
伏特加25克
吉力丁片3克

鳳梨慕斯
（MOUSSE À L'ANANAS）
鳳梨泥200克
檸檬泥25克
泰國羅勒5克
糖30克
蛋黃50克
吉力丁片6克
打發鮮奶油200克

白色鏡面（GLAÇAGE BLANC）
糖60克
葡萄糖60克
水30克
含糖煉乳40克
吉力丁片4克
白巧克力60克

最後修飾
白巧克力300克

BISCUIT À CAKE水果蛋糕體
在不鏽鋼盆中，將奶油和糖攪打至乳化。加入蛋，接著是過篩的麵粉和泡打粉。加入液狀鮮奶油和常溫的鳳梨泥拌勻。倒入2個直徑18公分的多層蛋糕圈，並擺上香煎鳳梨。入烤箱以150℃（溫控器5）烤20分鐘，接著脫模，擺在網架上冷卻。

SABLÉ LÉGER輕酥餅
將巧克力隔水加熱至融化。在不鏽鋼盆中，用打蛋器將奶油、粗紅糖、杏仁粉、蛋黃和鹽之花攪打至泛白。混入麵粉，接著是融化的巧克力。倒入直徑18公分的多層蛋糕圈。入烤箱以150℃（溫控器5）烤至上色。在冷卻後脫模（溫度高時較脆弱）。

GELÉE D'ANANAS-BASILIC THAÏ泰國羅勒鳳梨果凝
在平底煎鍋中，用龍舌蘭糖漿煮鳳梨丁，但不要過度上色。加入鳳梨泥和切碎的羅勒。加熱至60℃。用漏斗型濾器過濾，並按壓混合物以取得所有的湯汁。加入伏特加，接著混入預先泡水並擰乾的吉力丁。倒入直徑16公分的多層蛋糕圈。冷凍保存1小時30分鐘。

MOUSSE À L'ANANAS鳳梨慕斯
在平底深鍋中加熱果泥、切碎的羅勒和糖。用漏斗型濾器過濾，一邊按壓，並用鳳梨泥補至225克的重量。再放入平底深鍋中煮沸。加入蛋黃，接著以英式奶油醬的方式加熱。混入預先泡水並擰乾的吉力丁。放涼至18℃後，用橡皮刮刀輕輕混入打發鮮奶油。

GLAÇAGE BLANC白色鏡面
在平底深鍋中將糖、葡萄糖和水煮至102℃。加入含糖煉乳。拌勻後混入預先泡水並擰乾的吉力丁。倒入切碎的白巧克力中至融化，用手持式電動攪拌棒攪打至滑順，預留備用。在約35℃時使用。

MONTAGE組裝
將水果蛋糕體擺在直徑18公分的多層蛋糕圈中，鋪上鳳梨慕斯。用刮刀抹平。擺上羅勒鳳梨夾層，接著再鋪上一層慕斯。擺上酥餅，抹上鳳梨慕斯。冷凍凝固1小時。將多層蛋糕圈移去，將蛋糕擺在網架上。用刮刀將整個蛋糕抹平後再鋪上白色鏡面，並以白巧克力圓框、香煎鳳梨或銀箔等進行裝飾。

ENTREMETS GRIOTTE-MASCARPONE

酸櫻桃馬斯卡邦乳酪蛋糕

6至8人份

準備時間
2小時

烘焙時間
40分鐘

冷藏時間
1小時20分鐘

冷凍時間
3小時

保存時間
冷藏可達48小時

器具
直徑16公分的多層蛋糕圈
Microplane刨刀
打蛋器
漏斗型濾器
電動攪拌機
溫度計
直徑16公分的矽膠模
擠花袋＋直徑10公釐的
平口擠花嘴
烤盤墊
手持式電動攪拌棒
透明紙
透明圍邊紙
抹刀

材料
榛果酥粒（STREUSEL NOISETTE）
奶油50克
粗紅糖50克
麵粉50克
榛果粉25克
杏仁粉25克
杏仁條20克
東加豆（fève tonka）1顆
鹽之花

馬斯卡邦乳酪慕斯
（MOUSSE MASCARPONE）
全脂鮮乳240克
糖20克
脂肪含量35%的液狀鮮奶油50克
香草莢1/2根
東加豆1顆
蛋黃60克
葡萄糖85克
吉力丁片8克
馬斯卡邦乳酪250克

酸櫻桃奶油餡
（CRÉMEUX GRIOTTES）
酸櫻桃泥150克
脂肪含量35%的液狀鮮奶油
45克
糖45克
玉米粉12克
吉力丁片2.5克

杏仁檸檬蛋糕體
（BISCUIT AMANDE-CITRON）
轉化糖5克
糖粉30克
麵粉8克
杏仁粉65克
蛋黃30克
蛋20克
黃檸檬皮1/2顆
融化奶油20克
蛋白50克
糖18克

巧克力鏡面
（GLAÇAGE CHOCOLAT）
水111克
糖100克
葡萄糖100克
含糖煉乳70克
吉力丁片3克
白巧克力100克
紅色食用色素適量

STREUSEL NOISETTE榛果酥粒
混合奶油、粗紅糖、所有粉類、鹽，直到形成略為均勻的麵團。冷藏保存20分鐘。將麵團敲碎成砂礫狀，倒入直徑16公分的塔圈，撒上杏仁條，並將1/10的東加豆在上方刨碎。入烤箱以180℃（溫控器6）烤約20分鐘。

MOUSSE MASCARPONE馬斯卡邦乳酪慕斯
在平底深鍋中，加熱鮮乳、糖、鮮奶油、香草莢刮出的香草籽，和從約1/10的東加豆上刨下的粉。將蛋黃和葡萄糖攪打至泛白。將一些熱鮮乳加入蛋中攪拌，接著再全部倒回平底深鍋中加熱。離火，混入預先泡水並擰乾的吉力丁。用漏斗型濾器將英式奶油醬過濾至下墊一層冰塊的不鏽鋼盆中。降溫至20℃時，將英式奶油醬緩緩倒入馬斯卡邦乳酪中，攪拌讓乳酪軟化。冷藏冷卻1小時。以電動攪拌機打發至形成緞帶狀。

CRÉMEUX GRIOTTES酸櫻桃奶油餡
在平底深鍋中，加熱果泥和鮮奶油至40℃。加入糖、玉米粉，接著煮沸。離火，混入預先泡水並擰乾的吉力丁混合。倒入矽膠模，冷凍保存1小時。

BISCUIT AMANDE-CITRON杏仁檸檬蛋 糕體
混合轉化糖、糖粉、麵粉和杏仁粉。以鋼盆攪打蛋黃和全蛋，接著緩緩倒入粉類中。加入檸檬皮和融化奶油。用糖將蛋白打發，並輕輕混入上述麵糊中。填入擠花袋，在鋪有烤盤墊的烤盤上擠出1個直徑16公分的麵糊。入烤箱以200℃（溫控器6/7）烤約15至20分鐘。

GLAÇAGE CHOCOLAT巧克力鏡面
將75克的水、糖和葡萄糖煮沸。加入含糖煉乳，接著離火，混入泡水的吉力丁和剩餘的水。倒入切碎的巧克力，加入食用色素。用手持式電動攪拌棒攪打至平滑狀。在30℃時使用。

MONTAGE組裝
在透明紙上擺上底部和內緣鋪有透明紙的多層蛋糕圈。在中央倒入一半的慕斯，用抹刀將慕斯往上鋪至蛋糕圈的整個內緣。擺上矽膠模托出的酸櫻桃奶油餡，加入一些慕斯覆蓋，接著是蛋糕體，再加上一些慕斯，最後用酥粒鋪至蛋糕圈邊緣。冷凍保存。在蛋糕結凍時，將透明紙移去，立刻淋上鏡面。亦可為蛋糕加上染成紅色的巧克力圓框，以酸櫻桃、酥粒和金箔裝飾。

ÉTÉ
夏季

RÉGAL DU CHEF
AUX FRUITS ROUGES
紅果主廚盛宴

6至8人份

準備時間
3小時

烘焙時間
30分鐘

保存時間
冷藏48小時

器具
直徑16和18公分的多層蛋糕圈
烘焙專用攪拌機
烤盤墊
溫度計
直徑13和17公分的矽膠模
（Moule Flexipan）
打蛋器
漏斗型濾器

材料
覆盆子粉紅海綿蛋糕
（GÉNOISE ROSE FRAMBOISE）
生杏仁膏60克
糖70克
蛋180克
麵粉100克
奶油40克
天然覆盆子精萃（arôme
naturel de framboise）6克

白色杏仁海綿蛋糕
（JOCONDE BLANC）
杏仁糖粉（tant pour tant）
270克
蛋180克
麵粉36克
蛋白120克
糖18克
融化奶油27克
粉紅色食用色素適量

覆盆子草莓酒糖液
（IMBIBAGE FRAMBOISE-FRAISE）
覆盆子果肉50克
草莓果肉75克
水30克
糖漿55克（糖與水1：1）

糖煮覆盆子
（COMPOTÉE DE FRAMBOISES）
覆盆子果肉200克
糖15克
黃檸檬汁4克
吉力丁粉5克
水25克

香草奶油醬
（SUPRÊME À LA VANILLE）
全脂鮮乳100克
香草莢1根
蛋黃45克
糖35克
液狀鮮奶油350克
吉力丁粉6克
水30克

覆盆子果凝
（GELÉE DE FRAMBOISE）
覆盆子果泥200克
糖15克
檸檬汁3克
吉力丁粉4克
水20克

最後修飾
覆盆子適量
糖粉適量

GÉNOISE ROSE FRAMBOISE覆盆子粉紅海綿蛋糕
將杏仁膏、糖和10%的蛋搓成砂礫狀。慢慢加入剩餘的蛋，打發成緞帶狀。混合麵粉和融化奶油，接著加入精萃。倒入直徑16公分的多層蛋糕圈，入烤箱以180℃（溫控器6）烤18分鐘。

JOCONDE BLANC白色杏仁海綿蛋糕
在裝有槳狀攪拌棒的攪拌缸中，將杏仁糖粉、全蛋和麵粉打發。同時，用打蛋器將蛋白和糖打發成蛋白霜。用橡皮刮刀混合兩種備料，並混入融化奶油。取1/10的麵糊，以食用色素染色。隨意地鋪在烤盤墊上，接著冷凍一下下。取出在表面鋪上未染色的剩餘蛋糕體麵糊，形成雙色的大理石花紋。入烤箱以210℃（溫控器7）烤11分鐘，烤箱門微開。移至網架上冷卻。

IMBIBAGE FRAMBOISE-FRAISE覆盆子草莓酒糖液
在平底深鍋中，將果肉加熱至40℃，接著加入水和糖漿。

COMPOTÉE DE FRAMBOISES糖煮覆盆子
在平底深鍋中，將一半的覆盆子果肉、糖和檸檬汁煮沸。放入預先泡水的吉力丁拌勻。倒入直徑17公分的模型，冷藏保存。

SUPRÊME À LA VANILLE香草奶油醬
將鮮乳加熱，並浸泡刮半並刮出的香草籽與香草莢。用打蛋器將蛋和糖攪打至泛白。倒入裝有鮮乳的平底深鍋中，加入30克的液狀鮮奶油，煮至85℃，直到濃稠至可附著於刮刀上。加入泡水還原的吉力丁攪拌均勻，接著以漏斗型濾器過濾。讓奶油醬冷卻稠化，並混入預先打發至非常稠密的液狀鮮奶油，形成濃稠、平滑且均勻的香草奶油醬。

GELÉE DE FRAMBOISE覆盆子果凝
在平底深鍋中，將覆盆子果肉、糖和檸檬汁煮沸。混入預先泡水的吉力丁，倒入直徑13公分的模型中。冷藏保存。

MONTAGE組裝
將有大理石花紋的蛋糕體鋪在直徑18公分的多層蛋糕圈底部和內壁。在底部放入預先刷上覆盆子草莓糖漿的覆盆子粉紅海綿蛋糕。擺上覆盆子果凝圓餅，接著擠入香草奶油醬至蛋糕圈的一半高。擺上凝結的糖煮覆盆子圓餅，接著蓋上香草奶油醬至距離杏仁蛋糕體頂層邊緣1公分處。以新鮮覆盆子和水芹芽菜裝飾。

ÉTÉ
夏季

LE COUSSIN DE LA REINE

皇后靠墊

6人份

準備時間
1小時30分鐘

烘焙時間
20分鐘

冷凍時間
1小時30分鐘

浸泡時間
24小時

保存時間
48小時

器具
網篩
擠花袋+直徑12公釐的平口擠花嘴
溫度計
直徑18公分的矽膠模
電動攪拌機
霧狀噴槍
直徑20公分的蛋糕圈
透明紙

材料

杏仁達克瓦茲
(DACQUOISE AMANDES)
麵粉40克
杏仁粉115克
糖粉65克
青檸檬皮1克
蛋白185克
糖135克

野莓果漬
(CONFIT DE FRAISES DES BOIS)
野莓果肉 (pulpe de fraises
des bois) 140克
轉化糖漿20克
糖20克
NH果膠2克
野莓20克
青檸檬汁5克

炸彈麵糊 (PÂTE À BOMBE)
水30克
糖45克
蛋黃60克
蛋25克

香草白乳酪慕斯 (MOUSSE
VANILLE ET FROMAGE BLANC)
脂肪含量35%的液狀鮮奶油
160克
香草莢1克
脂肪含量40%的白乳酪
(fromage blanc) 250克
蜂蜜20克
吉力丁片7克
炸彈麵糊65克
(見上述材料)

紅色噴霧材料
(PISTOLET ROUGE)
伊芙兒白巧克力 (chocolat
ivoire) 350克
可可脂150克
胭脂紅食用色素 (colorant
rouge carmin) 1克

最後修飾
草莓
銀珠 (perles argentées)

DACQUOISE AMANDES杏仁達克瓦茲
將麵粉、杏仁粉和糖過篩。加入青檸皮。將蛋白和糖打發成蛋白霜，混入先前的混合物中。填入擠花袋中，擠出2個直徑18公分的圓餅狀麵糊。入烤箱以180℃（溫控器6）烤18分鐘，烤箱門微開。

CONFIT DE FRAISES DES BOIS野莓果漬
在平底深鍋中，將果肉和轉化糖漿加熱至40℃。倒入混有果膠的糖，煮沸。離火後加入野莓和檸檬汁。倒入矽膠模，冷凍保存至少30分鐘。

PÂTE À BOMBE炸彈麵糊
在平底深鍋中將水和糖煮沸。離火後，將這80℃的糖漿緩緩以細流狀倒入預先打發的蛋中，持續用電動攪拌機攪打至完全冷卻。

MOUSSE VANILLE ET FROMAGE BLANC香草白乳酪慕斯
前一天在平底深鍋中將60克的液狀鮮奶油煮沸。將剖半並刮出的香草莢與香草籽浸泡24小時。當天再加熱至微溫，將白乳酪加入拌至柔軟，加入蜂蜜和泡水並擰乾的吉力丁。全部倒入炸彈麵糊中。將剩餘的100克液狀鮮奶油打發，接著輕輕混入備料中。

PISTOLET ROUGE紅色噴霧材料
將巧克力和可可脂隔水加熱至融化。混入食用色素，接著填入噴槍。

MONTAGE組裝
將直徑20公分的多層蛋糕圈擺在鋪有透明紙的烤盤上。倒入一層香草慕斯，接著將慕斯鋪平至邊緣。擺上1塊達克瓦茲圓餅，接著是尚未解凍的果漬。鋪上慕斯，冷凍保存。取出後在蛋糕還處於冷凍狀態時脫模，接著翻面。擺在網架上，用防護罩遮蓋後再噴上紅色鏡面。以尺壓出線條並用草莓和銀珠裝飾。

ENTREMETS AUTOMNE
秋日蛋糕

6至8人份

準備時間
2小時

烘焙時間
45分鐘

冷凍時間
1小時

保存時間
冷藏48小時

器具
打蛋器
直徑14公分的Flexipan圓形烤模
網篩
直徑14公分的高邊烤模
噴槍
溫度計
直徑16公分的多層蛋糕圈
抹刀
噴霧器

材料

洋梨克拉芙緹
（CLAFOUTIS À LA POIRE）
膏狀奶油40克
糖粉40克
杏仁粉60克
卡士達粉8克
蛋16克
蛋黃20克
脂肪含量35%的液狀鮮奶油20克
新鮮洋梨去皮切成大丁70克

南瓜烤布蕾
（CRÈME BRÛLÉE BUTTERNUT）
脂肪含量35%的液狀鮮奶油215克
糖65克
蛋黃70克
四香粉（quatre-épices）2克
南瓜泥260克
吉力丁粉15克
水90克
砂糖適量

咖啡輕慕斯
（MOUSSE LÉGÈRE AU CAFÉ）
全脂鮮乳75克
蛋黃30克
咖啡醬5克
吉力丁粉4克
水20克
義式蛋白霜50克
（見232頁食譜）
脂肪含量35%的液狀鮮奶油
200克

噴霧材料
（APPAREIL À FLOCAGE）
可可成分64%的黑巧克力100克
可可脂100克

CLAFOUTIS À LA POIRE洋梨克拉芙緹
用橡皮刮刀混合膏狀奶油和糖粉。加入杏仁粉和卡士達粉。混入常溫的全蛋和蛋黃。用打蛋器混合，接著加入鮮奶油。倒入直徑14公分的Flexipan圓形烤模，撒上洋梨丁。入烤箱以160℃（溫控器5/6）烤20至25分鐘。

CRÈME BRÛLÉE BUTTERNUT南瓜烤布蕾
用鮮奶油取代鮮乳，製作英式奶油醬（見204頁食譜）。加入四香粉和南瓜泥。混入泡水的吉力丁，並倒入高邊烤模。入烤箱以90℃（溫控器3）烤約20分鐘，烤至凝固。冷凍保存約1小時。冷凍過後，撒上砂糖，並用噴槍烤成焦糖。

MOUSSE LÉGÈRE AU CAFÉ咖啡輕慕斯
製作英式奶油醬（見204頁食譜），並用咖啡醬調味。混入泡水的吉力丁，放涼至18℃。加入義式蛋白霜和打發鮮奶油。用橡皮刮刀輕輕混合，以免分離。

APPAREIL À FLOCAGE噴霧材料
將巧克力和可可脂隔水加熱至融化。裝入噴霧器中。

MONTAGE組裝
將咖啡慕斯鋪在多層蛋糕圈的底部和內壁周圍。擺上克拉芙緹，接著是南瓜烤布蕾，焦糖面朝下。最後鋪上一層咖啡慕斯。用抹刀將表面抹平。整個冷凍，取出後在蛋糕還處於冷凍狀態時脫模，並噴上黑巧克力噴霧，形成霧面。視個人喜好進行裝飾。

ENTREMETS COING-GINGEMBRE

薑香榲桲蛋糕

6至8人份

準備時間
4小時

烘焙時間
2小時40分鐘

冷凍時間
1小時

保存時間
冷藏3日

器具
電動攪拌機
網篩
打蛋器
直徑16公分且高2公分的矽膠模
直徑16公分且高2.5公分的矽膠模
溫度計
手持式電動攪拌棒
直徑16公分且高1.5公分的矽膠模
直徑18公分且高4.5公分的多層
蛋糕圈
透明紙
烤盤墊
彎型抹刀
裝有擠花嘴的擠花袋

材料
胡桃瑪德蓮蛋糕體（BISCUIT
MADELEINE NOIX DE PÉCAN）
無鹽奶油70克
澄清奶油35克
蛋75克
糖60克
香草莢1根
全脂鮮乳30克
轉化糖漿15克
麵粉100克
泡打粉5克
胡桃30克

烤榲桲夾層
（INSERT COING RÔTI）
榲桲2顆
無鹽奶油20克
糖100克

薑香奶油餡
（CRÉMEUX GINGEMBRE）
脂肪含量35%的液狀鮮奶油80克
薑泥（或汁）40克
蛋黃30克
蛋50克
糖30克
吉力丁片2克
低水分奶油45克
糖漬薑（gingembre confit）20塊

巧克力慕斯
（MOUSSE AU CHOCOLAT）
全脂鮮乳50克
脂肪含量35%的液狀鮮奶油60克
葡萄糖60克
可可成分66%的黑巧克力120克
吉力丁粉3克
水18克
打發鮮奶油150克

牛奶巧克力鏡面
（GLAÇAGE CHOCOLAT AU LAIT）
水135克
糖150克
葡萄糖150克
吉力丁粉10克
無糖煉乳100克
牛奶巧克力150克

BISCUIT MADELEINE NOIX DE PÉCAN胡桃瑪德蓮蛋糕體
在平底深鍋中，將奶油加熱至融化，接著加入澄清奶油。全部煮沸。預留備用。用電動攪拌機混合蛋、糖和香草莢刮出的香草籽。緩緩加入溫鮮乳和預先加熱的轉化糖漿。混入一起過篩的麵粉和泡打粉，倒入奶油後混合均勻。倒入直徑16公分的模型中至2公分的高度，再撒上略為切碎的胡桃。入烤箱以170℃（溫控器5/6）烤10分鐘。

INSERT COING RÔTI烤榲桲夾層
將榲桲去皮並切成薄片。將融化奶油倒入直徑16公分且高2.5公分的模型中，撒上糖，接著將榲桲片交錯排入。蓋上鋁箔紙，入烤箱以220℃（溫控器7/8）烤2小時，接著不蓋鋁箔紙，以160℃（溫控器5/6）烤30分鐘，讓所有水分蒸發。冷卻後以冷凍保存。

CRÉMEUX GINGEMBRE薑香奶油餡
在平底深鍋中，將鮮奶油和薑泥煮沸。將蛋黃、全蛋和糖攪打至泛白。將部分的薑香鮮奶油倒入泛白的蛋中，混合後再全部倒回平底深鍋中。煮至82℃。離火，加入預先浸泡冷水並擰乾的吉力丁。用沙拉攪拌盆保存在室溫下，接著在混合物的溫度降至40℃以下時加入奶油。用手持式電動攪拌棒攪拌至平滑。倒入直徑16公分且高1.5公分的模型中。撒上糖漬薑塊，冷凍保存至少30分鐘，將奶油餡快速冷凍。

MOUSSE AU CHOCOLAT巧克力慕斯
製作巧克力慕斯（見344頁食譜）。

GLAÇAGE CHOCOLAT AU LAIT牛奶巧克力鏡面
將75克的水、糖和葡萄糖煮沸。加入預先泡水的吉力丁、剩餘的水和無糖煉乳。倒入切碎的覆蓋牛奶巧克力中拌至融化。以手持式電動攪拌棒攪打至整體平滑。

MONTAGE組裝
在18公分的多層蛋糕圈內放上透明紙，底部擺上烤盤墊。在多層蛋糕圈底部放入16公分的瑪德蓮體蛋糕體。在蛋糕體上鋪上1公分高的巧克力慕斯，蛋糕圈的內緣也鋪上巧克力慕斯。擺上薑香奶油餡圓餅，接著是烤榲桲圓餅夾層。為蛋糕鋪上剩餘的慕斯，並用彎型抹刀抹平。冷凍保存至結凍。脫模後，將蛋糕擺在網架上，為整個蛋糕淋上牛奶巧克力鏡面。在塑膠片上用調溫巧克力（見570和572頁技巧）製作葉片，並用擠花袋製作花莖。將葉片和花莖黏在一起。用擠花袋在蛋糕一半的外圍擠出一條條的帶子，以打造植物根部的造型。讓葉片巧克力凝固後插在蛋糕外圍。冷藏保存後再品嚐。

LE 55 FBG, W.H. 蛋糕

（55 FBG 為法國愛麗舍宮的地址，W.H. 為白宮縮寫，這道甜點是由法國與美國總統御廚所聯手打造）

6人份

準備時間
2小時30分鐘

冷藏時間
24小時

烘焙時間
40分鐘

保存時間
冷藏48小時

器具
漏斗型網篩
烘焙專用攪拌機
18公分×11公分的橢圓形蛋糕圈2個
擀麵棍
16公分×9公分的橢圓形蛋糕圈
烤盤墊
打蛋器
網篩
手持式電動攪拌棒
溫度計

材料
咖啡奶油餡（CRÉMEUX CAFÉ）
全脂液狀鮮奶油55克
全脂鮮乳55克
冷凍乾燥即溶咖啡15克
咖啡覆蓋黑巧克力（chocolat de couverture noir café）25克
覆蓋牛奶巧克力30克
蛋黃15克
糖20克

奶油酥餅（SHORTBREAD）
奶油125克
糖60克
麵粉130克
鹽1克

榛果脆餅
（CROUSTILLANT NOISETTE）
黑占度亞醬（gianduja noir）80克

脆片（pailleté feuilletine）45克
奶油酥餅100克
（見上述材料）

巧克力蛋糕體
（BISCUIT CHOCOLAT）
覆蓋黑巧克力75克
66%的杏仁膏35克
蛋黃20克
奶油20克
蛋白85克
糖30克

巴伐利亞乳香奶油醬
（BAVAROISE LACTÉE）
全脂鮮乳85克
全脂液狀鮮奶油85克
糖16克
蛋黃30克
吉力丁片4克
覆蓋牛奶巧克力90克
覆蓋黑巧克力35克
檸檬皮1克
柳橙皮1克
略為打發的鮮奶油300克

可可酥餅（SABLÉ CACAO）
奶油150克
粗紅糖100克
烘焙榛果粉50克
可可粉25克
脆片（feuilletine）15克
可可粒10克
鹽之花2克
蛋20克
麵粉200克
小蘇打粉（bicarbonate）1克

焦糖鏡面（GLAÇAGE CARAMEL）
鮮乳100克
糖250克
液狀鮮奶油200克
葡萄糖70克
馬鈴薯澱粉15克
吉力丁粉6克
水40克

CRÉMEUX CAFÉ咖啡奶油餡
在平底深鍋中，將鮮奶油和鮮乳煮沸。加入咖啡，浸泡15分鐘。以漏斗型網篩過濾。將覆蓋巧克力隔水加熱至融化。在不鏽鋼盆中，將蛋黃和糖攪打至泛白，倒入部分的浸泡鮮乳，混合，接著再全部倒回平底深鍋中。接著倒入融化的巧克力中，攪拌至乳化。倒入橢圓形蛋糕圈（18公分×11公分），冷凍保存。

SHORTBREAD奶油酥餅
在裝有槳狀攪拌棒的攪拌缸中，混合所有材料。將形成的麵團夾在二張置於烤盤上的烤盤紙之間擀開成片狀。入烤箱以160℃（溫控器5/6）烤11分鐘後放涼。

CROUSTILLANT NOISETTE榛果脆餅
在平底深鍋中，將占度亞醬加熱至融化。加入預先壓碎的奶油酥餅和脆片。倒入橢圓形塔圈（16公分×9公分），冷藏凝固。

BISCUIT CHOCOLAT巧克力蛋糕體
將覆蓋巧克力隔水加熱至融化。在裝有槳狀攪拌棒的攪拌缸中，攪拌杏仁膏，並緩緩加入蛋黃。混入奶油，接著是融化巧克力。另外將蛋白打發成蛋白霜，加糖以增加稠密度，用橡皮刮刀將二者混合均勻。倒入鋪有烤盤墊的烤盤，入烤箱以180℃（溫控器6）烤約8分鐘。

BAVAROISE LACTÉE巴伐利亞乳香奶油醬
以加熱英式奶油醬（見204頁食譜）的方式進行，加入預先泡水並擰乾的吉力丁，接著以漏斗型網篩過濾。和隔水加熱至融化的巧克力一起攪拌至乳化，用手持式電動攪拌棒攪打。放涼，接著在25-30℃時混入二種果皮和打發的鮮奶油。

SABLÉ CACAO可可酥餅
在裝有槳狀攪拌棒的攪拌缸中混合奶油和粗紅糖。加入榛果粉、可可粉、脆片、可可粒和鹽之花，接著是蛋。混合至形成均勻的質地，倒入過篩的麵粉和小蘇打粉，但不要過度攪拌。將麵團擀至3公釐的厚度，鋪在橢圓形蛋糕圈（18公分×11公分）底部。冷藏靜置24小時。入烤箱以165℃（溫控器5/6）烤約10至12分鐘。

GLAÇAGE CARAMEL焦糖鏡面
在平底深鍋中加熱鮮乳、一半的糖、鮮奶油和葡萄糖。煮沸並放涼至45℃，接著加入剩餘的糖和馬鈴薯澱粉。再度煮沸。離火，加入泡水的吉力丁。在25℃時使用。

MONTAGE組裝
將可可酥餅擺入橢圓形蛋糕圈（18公分×11公分）中。鋪上約1公分的巴伐利亞奶油醬，並鋪滿蛋糕圈的內緣。擺上榛果脆餅，接著是巧克力蛋糕體，並以巴伐利亞奶油醬覆蓋。擺上咖啡奶油餡，脫模後，用巴伐利亞奶油醬將蛋糕全體抹平。冷凍保存。取出在仍結凍時淋上鏡面，並依個人喜好進行裝飾。

CASSE-NOISETTE GIANDUJA-CARAMEL

焦糖占度亞榛果鉗蛋糕

8人份

準備時間
3小時

烘焙時間
30分鐘

冷凍時間
2小時

保存時間
冷藏3日

器具
打蛋器
網篩
擠花袋+直徑15公釐的平口擠花嘴
烤盤墊
30公分×6公分的木柴蛋糕模
25公分×4公分的橢圓形多層蛋糕模
溫度計
電動攪拌機
手持式電動攪拌棒

材料
達克瓦茲蛋糕體
(BISCUIT DACQUOISE)
蛋白50克
砂糖13克
麵粉9克
糖粉22克
杏仁粉25克
榛果粉25克

焦糖奶油餡夾層
(INSERT CRÉMEUX CARAMEL)
糖65克
葡萄糖12克
脂肪含量35%的液狀鮮奶油30克
奶油50克

巧克力奶油餡夾層
(INSERT CRÉMEUX CHOCOLAT)
低脂鮮乳50克
脂肪含量35%的液狀鮮奶油50克
蛋黃40克
糖15克
可可成分66%的加勒比黑巧克力 (Caraïbes)25克
可可成分35%的吉瓦納牛奶巧克力 (Jivara au lait)30克

占度亞慕斯
(MOUSSE GIANDUJA)
蛋黃50克
糖13克
葡萄糖30克
全脂鮮乳46克
吉力丁粉5克
水30克
占度亞醬 (gianduja)135克
打發鮮奶油250克

脆皮酥底
(SEMELLE CROUSTILLANTE)
榛果帕林內50克
可可成分35%的牛奶巧克力8克
可可成分66%的黑巧克力8克
脆片 (feuillantine)25克
焦糖烤榛果碎片 (éclats de noisettes grillées caramélisées)25克

鏡面 (GLAÇAGE)
全脂鮮乳125克
葡萄糖40克
榛果醬7克
可可成分35%的牛奶巧克力100克
占度亞醬75克
金黃牛奶鏡面淋醬 (pâte à glacer lactée blonde)175克
吉力丁粉5克
水30克

BISCUIT DACQUOISE達克瓦茲蛋糕體
製作達克瓦茲麵糊（見224頁食譜）。填入擠花袋，在鋪有烤盤墊的烤盤上擠出一個25公分×4公分的橢圓形麵糊。入烤箱以180℃（溫控器6）烤20分鐘。

INSERT CRÉMEUX CARAMEL焦糖奶油餡夾層
在平底深鍋中，將糖和葡萄糖煮至175℃，形成金黃色的焦糖。用預先加熱的鮮奶油溶解鍋底的焦糖，接著混入塊狀奶油。倒入多層蛋糕模中。冷凍保存至奶油醬結凍。

INSERT CRÉMEUX CHOCOLAT巧克力奶油餡夾層
製作英式奶油醬（見204頁食譜）。加熱至83℃，再放涼至40℃。倒入以35℃的融化巧克力中，形成甘那許。倒在已經結凍的焦糖奶油夾層上。再冷凍至結凍。

MOUSSE GIANDUJA占度亞慕斯
在隔水加熱鍋中，用電動攪拌機混合蛋黃、糖、葡萄糖和鮮乳至70℃，形成炸彈麵糊。混入泡水的吉力丁。將占度亞醬加熱至45℃融化。將鮮奶油打發至綿密而柔軟。用打蛋器輕輕將占度亞醬、打發鮮奶油和炸彈麵糊混合。用橡皮刮刀完成混拌。

SEMELLE CROUSTILLANTE脆皮酥底
將巧克力融化，加入剩餘的材料並混合。

GLAÇAGE鏡面
在平底深鍋中，將鮮乳、葡萄糖和榛果醬煮沸。加入巧克力、占度亞醬、鏡面淋醬，接著是泡水的吉力丁和水。用手持式電動攪拌棒攪打，保存在室溫下。在25-30℃時使用。

MONTAGE組裝
在木柴蛋糕模中倒入少量慕斯，鋪滿模型底部和內緣。在中央擺上焦糖奶油餡夾層和巧克力奶油餡夾層。加入少量慕斯，擺上裁切的達克瓦茲蛋糕體。冷凍保存至結凍。在冷凍的蛋糕上鋪上脆皮酥底至填滿模型並抹平。再度冷凍至結凍。脫模並將蛋糕倒扣。在仍結凍的蛋糕上淋上鏡面。用巧克力、糖脆片和糖裹榛果進行裝飾。

OCCASIONS FESTIVES

節慶時刻

473 Introduction 引言

474 Gâteaux de fête 節慶糕點

474　Bûche café 咖啡木柴蛋糕 NIVEAU 1
476　Bûche banane-chocolat 香蕉巧克力木柴蛋糕 NIVEAU 2
478　Bûche fondante girly 少女系翻糖木柴蛋糕 NIVEAU 3 • CHRISTOPHE FELDER
480　Galette à la frangipane 杏仁奶油烘餅 NIVEAU 1
482　Galette pistache-griotte 開心果酸櫻桃烘餅 NIVEAU 2
484　Galette pamplemousse rose 粉紅葡萄柚烘餅 NIVEAU 3 • GONTRAN CHERRIER
486　Croquembouche 泡芙塔 NIVEAU 1
488　Croquembouche à la nougatine de sésame aux éclats de grué de cacao
　　　可可粒芝麻奴軋汀泡芙塔 NIVEAU 2
490　Croquembouche 泡芙塔 NIVEAU 3 • FRÉDÉRIC CASSEL

492 Mignardises (pièces cocktail, gamme prestige)
精緻小點（雞尾酒茶點、奢華系列）

492　Tartelettes aux agrumes 柑橘迷你塔
494　Tartelettes citron-jasmin 茉香檸檬迷你塔
496　Caroline chocolat mendiant 堅果巧克力迷你閃電泡芙
498　Religieuse vanille-framboise 香草覆盆子修女泡芙
500　Mignardises pistache-griotte 開心果酸櫻桃小點
502　Moelleux financiers paris-brest 巴黎布列斯特費南雪軟糕
504　Tartelettes banane-chocolat 香蕉巧克力迷你塔
506　Mojito 莫希托
508　Sucettes passion 百香果棒棒糖
510　Sucettes framboise 覆盆子棒棒糖

OCCASIONS FESTIVES 節慶時刻

我們可以用各種甜點來慶祝紀念日，但某些場合傳統上會需要非常特定的蛋糕，不論是為了背後的故事和回憶，傳統可以是非常美味的！

卡士達杏仁奶油餡（FRANGIPANE），還是杏仁奶油餡（CRÈME D'AMANDE）？

國王餅可以有多種組合，但傳統的內餡一定包含杏仁奶油餡，不論是單純的杏仁奶油餡，還是混入卡士達奶油醬所製成的卡士達杏仁奶油餡。不管選擇哪一種，特別須留意的是在製作時，要盡可能不要混入氣泡，混合但不要攪打，讓內餡不會在烘烤時膨脹，因而使國王餅變形。

MIGNARDISES 精緻小點

有時又稱為「花式小糕點petits fours」，這些迷你糕點很適合用於宴會和雞尾酒會。迷你塔、修女泡芙、多層蛋糕、費南雪或棒棒糖…，必須能夠一口吃進嘴裡：如果比例縮小，就必須依原配方保持均衡，所以可能必須進行調整。考慮到它們的大小，必須要很細心地進行最後組合和裝飾。這是多麼需要精準的工作！

溫度適中的翻糖

由水、糖和葡萄糖混合而成的翻糖，用來為閃電泡芙、迷你閃電泡芙、修女泡芙和千層派覆以鏡面，不論它們的大小為何。在製作時，應先調至理想的調溫溫度，即以隔水加熱或微波加熱的方式，將溫度升高至35和37°C之間（見169頁技巧）。如果過熱，翻糖就會碎裂、暗沉而且太稀。為了調整質地，我們可以用一些水，或是更好的，用糖漿來增加流動性。若要染色，請使用可可粉、咖啡精萃、開心果膏或食用色粉，並請攪動以免形成結晶。

節慶糕點的小故事
La galette des rois
國王餅

1950 年以前，人們用「galette sèche 乾的烘餅」，也就是單純無夾餡的千層餅，來慶祝主顯節已超過百年之久，在南法則會共享國王布里歐 brioche des rois（見 143 頁食譜）。

夾入杏仁奶油餡或卡士達杏仁奶油餡，則是在 1960 年後出乎意料地受到歡迎，吃到藏在餡內小瓷偶的幸運兒，可以成為一日國王或皇后！

La bûche de Noël
聖誕木柴蛋糕

這種蛋糕的形狀承襲自人們聖誕節前夕，在壁爐裡燃燒大塊薪柴的傳統。隨著壁爐的消失，薪柴變身為蛋糕，傳統上會製成蛋糕卷，但每年甜點師們都會重新改良創新。

Le croquembouche
泡芙塔

經常被稱為「組合泡芙 pièce montée」的泡芙塔，是婚禮、洗禮和領聖體等儀式用的糕點，為了大量賓客所設計，而且早在十九世紀時，便已是節慶餐桌上不可少的糕點。

BÛCHE CAFÉ
咖啡木柴蛋糕

6至8人份

準備時間
2小時

烘焙時間
5分鐘

保存時間
冷藏1星期

器具
打蛋器
溫度計
電動攪拌機
網篩
烤盤墊
溫度計
烘焙專用攪拌機
漏斗型網篩
擠花袋＋直徑8公釐的
平口擠花嘴和扁齒擠花嘴
(chemin de fer)
抹刀

材料

傑諾瓦士海綿蛋糕（GÉNOISE）
糖100克
蛋150克
麵粉70克
植物澱粉30克

法式咖啡奶油霜
（CRÈME AU BEURRE AU CAFÉ）
水100克
糖250克
蛋100克
奶油325克
咖啡精萃30克

浸潤糖漿（SIROP D'IMBIBAGE）
水110克
糖100克

最後修飾
綠色食用色素適量

GÉNOISE傑諾瓦士海綿蛋糕
將糖和蛋隔水加熱至45℃，一邊攪打。用電動攪拌機打發至完全冷卻。將所有的粉類一起過篩，接著用橡皮刮刀混入，以免麵糊分離。倒在鋪有烤盤墊的烤盤上，入烤箱以230℃（溫控器7/8）烤5分鐘。

CRÈME AU BEURRE AU CAFÉ法式咖啡奶油霜
在平底深鍋中將水和糖煮至117℃。在不鏽鋼盆中，將蛋攪打至回溫。在糖漿煮好時，以細流狀快速倒入蛋中，一邊打發。再透過漏斗型網篩，全部倒入裝有球狀攪拌棒的攪拌缸中，攪打至溫度降約20-25℃冷卻。加入小塊的常溫奶油，打發至形成乳霜質地。保留約100克的原味奶油醬作為裝飾用（節點和常春藤），並填入裝有平口擠花嘴的擠花袋。用咖啡精萃為剩餘的奶油醬調味，並保存在裝有扁齒擠花嘴的擠花袋中。

SIROP D'IMBIBAGE浸潤糖漿
在平底深鍋中將水和糖煮沸。放涼後再使用。

MONTAGE組裝
為海綿蛋糕刷上糖漿。用抹刀鋪上厚2公釐的法式咖啡奶油霜。將蛋糕體捲起，形成長條狀。將兩端斜切。將切下的蛋糕片擺在木柴蛋糕表面作為節點。在二端以及木柴蛋糕表面的節點上，都擠上原味的奶油霜。用法式咖啡奶油霜覆蓋木柴蛋糕剩餘的部分。以蘸了冷水的叉子在表面劃線，形成溝紋。將刀子以小火加熱，將兩端和節點整平，形成整齊的成品。用綠色食用色素為剩餘的奶油醬染色。填入圓錐形紙袋（見598頁技巧），在木柴蛋糕上擠出斷斷續續的線作為藤蔓，用染成綠色的翻糖製作常春藤葉片。可用聖誕樹形狀、雪花形狀的巧克力片裝飾。

BÛCHE BANANE-CHOCOLAT
香蕉巧克力木柴蛋糕

8人份

準備時間
2小時

冷藏時間
2小時50分鐘

烘焙時間
40分鐘

冷凍時間
3小時

保存時間
冷藏48小時

器具
烤盤墊
28公分×5公分的方形蛋糕框
30公分×3公分的夾層模
電動攪拌機
網篩
打蛋器
手持式電動攪拌棒
溫度計
30公分×6公分的木柴蛋糕模

材料
榛果酥粒
(CRUMBLE NOISETTES)
奶油75克
糖75克
麵粉75克
榛果粉75克

脆烤酥粒
(CROQUANT CRUMBLE)
伊芙兒覆蓋巧克力75克
榛果酥粒300克
(見上述材料)
烤碎榛果45克
奶油15克
榛果帕林內35克

火焰香蕉夾層
(INSERT BANANES FLAMBÉES)
香蕉200克
檸檬汁2克
粗紅糖30克
棕色蘭姆酒25克
NH果膠5克
糖20克

達克瓦滋 (DACQUOIS)
蛋白90克
糖40克
榛果粉40克
杏仁粉40克
糖粉60克
麵粉15克

巧克力奶油餡
(CRÉMEUX CHOCOLAT)
低脂鮮乳100克
脂肪含量35%的液狀鮮奶油100克
蛋黃25克
糖10克
可可成分70%的覆蓋黑巧克力65克
可可膏 (cacao pâte) 5克

香草輕奶油醬
(CRÉME LÉGÈRE VANILLE)
鮮乳200克
香草莢1根
糖80克
蛋黃20克
布丁粉10克
麵粉10克
吉力丁片3克
打發鮮奶油250克

黑巧克力鏡面
(GLAÇAGE AU CHOCOLAT NOIR)
水135克
糖150克
葡萄糖150克
含糖煉乳100克
吉力丁粉 (Bloom值180) 10克
可可成分60%的黑巧克力150克

CRUMBLE NOISETTES榛果酥粒
在工作檯上或碗中用指尖混合所有材料，但不要過度搓揉。冷藏20幾分鐘，讓備料冷卻。將酥粒散布在鋪有烤盤墊的烤盤上，入烤箱以160℃（溫控器5/6）烤20分鐘。

CROQUANT CRUMBLE脆烤酥粒
將巧克力隔水加熱至融化。在榛果酥粒烤好冷卻後切碎，用刮刀輕輕混合所有材料。倒入方形蛋糕框中，冷凍保存30分鐘。

INSERT BANANES FLAMBÉES火焰香蕉夾層
將香蕉去皮切成薄片，淋上檸檬汁。連同粗紅糖全部放入平底煎鍋中，加熱至形成焦糖。加入蘭姆酒，在做好預防措施的前提下點火焰燒。加入預先混合糖的果膠，再度以大火加熱5分鐘。倒入夾層模，冷凍保存。

DACQUOIS達克瓦滋
將蛋白和糖打發成蛋白霜。加入過篩的榛果粉、杏仁粉、糖粉和麵粉。倒入鋪有烤盤墊的烤盤，入烤箱以180℃（溫控器6）烤20分鐘。

CRÉMEUX CHOCOLAT巧克力奶油餡
在平底深鍋中將鮮乳和鮮奶油煮沸。用蛋黃和糖攪打至泛白後，倒入平底深鍋加熱製作英式奶油醬。倒入巧克力和可可膏中，攪拌至乳化，接著以手持式電動攪拌棒攪打至平滑。冷藏保存至少2小時。

CRÉME LÉGÈRE VANILLE香草輕奶油醬
以卡士達奶油醬（見196頁食譜）的方式製作。將煮過的卡士達奶油醬混入預先以冷水泡開並擰乾的吉力丁。在奶油醬表面緊貼上保鮮膜，冷藏冷卻30分鐘。將泡沫狀的打發鮮奶油混入卡士達奶油醬中。

GLAÇAGE AU CHOCOLAT NOIR黑巧克力鏡面
在平底深鍋中，將75克的水、糖和葡萄糖加熱至105℃。倒入含糖煉乳中，接著加入用水泡開的吉力丁和剩餘的水。倒入切碎的黑巧克力中。趁熱用手持式電動攪拌棒攪打至均質。

MONTAGE組裝
在木柴蛋糕模的底部和內緣鋪上香草輕奶油醬。擺上巧克力奶油餡，接著是火焰香蕉夾層。在表面擺上達克瓦滋蛋糕體，再蓋上香草慕斯。最後以脆烤酥粒完成組裝。冷凍保存2小時。將木柴蛋糕脫模，淋上35℃的巧克力鏡面。以焦糖香蕉片及巧克力裝飾。

NIVEAU

3

8至10人份

準備時間
5小時

烘焙時間
30分鐘

冷藏時間
30分鐘

冷凍時間
1小時

保存時間
24小時

器具
電動攪拌機
網篩
木柴蛋糕模
（Moule à bûche）
打蛋器
溫度計
糕點刷
擠花袋＋直徑6公釐的星形
擠花嘴
擀麵棍
溝紋或格紋擀麵棍
（Rouleau à pâtisserie
cannelé ou carrelé）

材料
熱內亞海綿蛋糕
（GÉNOISE PAIN DE GÊNES）
蛋黃80克
蛋100克
砂糖170克
轉化糖漿（trimoline）3克
乳化劑3克（可省略）
杏仁膏30克
蛋白120克
鹽1撮
T45麵粉130克
植物澱粉50克

櫻桃酒糖漿
（SIROP AU KIRSCH）
櫻桃酒（40％的亞爾
薩斯白蘭地eau-de-vie
d'Alsace）30克
熱水80克
砂糖70克

卡士達奶油醬
全脂鮮乳320克
香草莢1/2根
蛋黃30克
砂糖55克
玉米粉30克
脂肪含量0％的奶粉3克

減糖義式蛋白霜
水60克
砂糖110克
蛋白70克

法式輕奶油霜
卡士達奶油醬210克
常溫的AOC（法定產區）
奶油180克
減糖義式蛋白霜70克

卡士達慕斯林奶油醬
櫻桃酒（40％的亞爾薩斯
白蘭地）30克
卡士達奶油醬300克
法式輕奶油霜350克
紅色食用色素1滴

最後修飾
金色紙板1張
（擺在蛋糕下）
粉紅杏仁膏350克
糖粉適量
紅色食用色素幾滴
蛋白霜小球
（見234頁食譜）

BÛCHE FONDANTE GIRLY
少女系翻糖木柴蛋糕

de Christophe Felder 克里斯道夫·菲爾德
Maître pâtissier 甜點大師

——— GÉNOISE PAIN DE GÊNES熱內亞海綿蛋糕
將烤箱預熱至180℃（溫控器5）。將蛋黃、蛋和120克的砂糖一起打發。加入轉化糖漿、乳化劑和軟化的杏仁膏，拌勻。將蛋白和50克的砂糖、鹽打發，直到形成硬性發泡的蛋白霜。將麵粉和澱粉過篩。將打發蛋白霜和蛋等備料混合。輕輕混入麵粉和澱粉。依大小而定，將形成的麵糊倒入1至2個木柴蛋糕模中。入烤箱烤30分鐘。冷卻後將海綿蛋糕橫切成3塊。

——— SIROP AU KIRSCH櫻桃酒糖漿
用打蛋器混合櫻桃酒、熱水和糖。不時攪拌，讓糖溶化。保存在常溫下。

——— CRÈME PÂTISSIÈRE卡士達奶油醬
將鮮乳和剖半並刮出的香草籽煮沸。將蛋黃和糖攪打至滑順。輕輕加入過篩的澱粉和奶粉。將煮沸鮮乳倒入備料中，混合。加入剩餘的鮮乳，將奶油醬煮沸，接著離火。預留備用。

——— MERINGUE ITALIENNE DÉSUCRÉE減糖義式蛋白霜
將水和100克的糖加熱至117℃。將蛋白打發成泡沫狀，並在蛋白形成泡沫時，加入10克剩餘的糖，持續攪打至形成結實的蛋白霜。將熱糖漿倒入打發蛋白霜中，持續以電動攪拌機攪打至完全冷卻。取70克使用。其他的裝入容器並加蓋，冷凍保存作為他用。

——— CRÈME LÉGÈRE AU BEURRE法式輕奶油霜
將卡士達奶油醬拌軟。將奶油攪打成乳霜狀，輕輕加進卡士達奶油醬中，攪拌至全部膨脹。混入減糖義式蛋白霜，輕輕攪拌。保存在常溫下。

——— CRÈME MOUSSELINE PÂTISSIÈRE卡士達慕斯林奶油醬
將櫻桃酒隔水加熱至30℃。用橡皮刮刀攪拌冷的卡士達奶油醬，接著再隔水加熱至30℃。倒入櫻桃酒，接著混入奶油霜。加入一些紅色食用色素。保存在常溫下。

——— MONTAGE組裝
將1片海綿蛋糕擺在金黃色紙板上，為蛋糕刷上櫻桃酒糖漿。將慕斯林奶油醬填入擠花袋中，接著擠在海綿蛋糕上。在奶油醬上擺上第2塊海綿蛋糕，在表面仔細刷上糖漿，接著加入少許的慕斯林奶油醬。擺上最後1片刷上糖漿的海綿蛋糕，並蓋上慕斯林奶油醬。用刮刀將周圍抹平。冷凍保存1小時，接著冷藏30分鐘，以避免冷凝。為工作檯和杏仁膏撒上糖粉，接著將杏仁膏擀成2至3公釐的厚度。以溝紋或格紋擀麵棍擀過杏仁膏，以形成花紋。將蛋糕從冰箱中取出，均勻地蓋上杏仁膏。攪打剩餘的慕斯林奶油醬，填入裝有擠花嘴的擠花袋，在蛋糕周圍擠出花形裝飾。最後擺上染成粉紅色的蛋白霜小球。

1

GALETTE À LA FRANGIPANE
杏仁奶油烘餅

8人份

準備時間
3小時

冷藏時間
24小時

冷凍時間
1個晚上

烘焙時間
40分鐘

保存時間
48小時

器具
網篩
擀麵棍
打蛋器
擠花袋+直徑10公釐的
平口擠花嘴
豆子（Fève）
糕點刷
水果刀

材料

折疊派皮（PÂTE FEUILLETÉE）
麵粉200克
鹽4克
糖粉10克
融化奶油40克
冷水100克
折疊用奶油140克

卡士達杏仁奶油餡
（CRÈME FRANGIPANE）
奶油50克
糖50克
蛋40克
脂肪含量35%的液狀鮮奶油
10克
杏仁粉50克
香草精適量
蘭姆酒5克
卡士達奶油醬25克
（見196頁食譜）

蛋液
蛋50克

糖漿
水50克
糖50克
蘭姆酒10克

PÂTE FEUILLETÉE折疊派皮

製作5折的折疊派皮（見66頁技巧）。將形成的麵團分成2個250克的正方形麵皮。將每個角朝中央折起，在工作檯上翻面，揉成球狀。將麵球擀平，形成2個圓餅狀。用保鮮膜包起，冷藏靜置24小時。

CRÈME FRANGIPANE卡士達杏仁奶油餡

在鋼盆中混合奶油和糖，製作膏狀奶油。加入蛋和液狀鮮奶油，混合後混入杏仁粉、香草精和蘭姆酒。最後加入卡士達奶油醬。將奶油醬填入擠花袋，在烤盤紙上擠出直徑20公分的螺旋狀。別忘了放入豆粒。冷凍保存一整晚。

MONTAGE組裝

隔天，將圓餅狀折疊派皮擀成2個直徑23公分的圓形餅皮，保持餅皮底部接合面朝下。在工作檯上將1塊圓形的派皮翻面，接合面朝上（接觸奶油內餡）。用糕點刷在派皮周圍刷上水，將1塊卡士達杏仁奶油餡擺在中央。蓋上第2塊圓形餅皮，小心地讓接合面接觸奶油醬。將邊緣壓緊，用水果刀背壓緊內餡與派皮的結合處，以免餡料在烘烤時溢出。

用糕點刷和水濕潤烤盤。將烘餅翻面擺好。在平滑的表面刷上第一次蛋液，冷藏靜置30分鐘。

刷上第二次蛋液，接著用水果刀劃出放射狀的條紋。放入預熱至190℃（溫控器6/7）的烤箱，接著將溫度調低至170℃（溫控器5/6），烤40分鐘。出爐時，以糕點刷刷上少許糖漿，保存至享用的時刻。

GALETTE PISTACHE-GRIOTTE

開心果酸櫻桃烘餅

8人份

準備時間
3小時

冷藏時間
2小時30分鐘

冷凍時間
30分鐘

烘焙時間
40分鐘

保存時間
48小時

器具
網篩
烘焙刮板
擀麵棍
10公分×20公分的玻璃紙
糕點刷
直徑18公分的塔圈或矽膠模
直徑22公分的塔圈
水果刀

材料
反折疊派皮
（FEUILLETAGE INVERSÉ）
奶油團（BEURRE MANIÉ）
奶油160克
麵粉55克
基本揉和麵團（DÉTREMPE）
麵粉160克
鹽5克
水90克

染色基本揉和麵團
（DÉTREMPE COLORÉE）
基本揉和麵團50克
（見上述材料）
水溶性紅色食用色素6克
玉米粉6克
奶油3克

酸櫻桃杏仁奶油餡（CRÈME D'AMANDE AUX GRIOTTES）
奶油50克
糖50克
開心果醬20克
杏仁粉50克
蛋50克
櫻桃酒5克
去核酸櫻桃60克

蛋液
蛋50克
蛋黃20克
脂肪含量35%的液狀
鮮奶油10克
食用色素適量

糖漿
水50克
糖50克

最後修飾
切碎開心果50克
糖粉25克
酸櫻桃幾顆
金箔

FEUILLETAGE INVERSÉ反折疊派皮

製作折疊派皮（見72頁技巧）。將奶油擀成邊長20公分的正方形。以保鮮膜包起，冷藏保存約20分鐘。製作基本揉和麵團。取200克的基本揉和麵團，接著擀成10公分×20公分的長方形。以保鮮膜包起，在陰涼處保存約20分鐘。用手混合剩餘50克的基本揉和麵團、食用色素、玉米粉和奶油。在玻璃紙上將這染色的基本揉和麵團擀成10公分×20公分的長方形，保存於陰涼處。進行2次皮夾折和2次單折。將第1個基本揉和麵團擀成和染色的基本揉和麵團同樣的大小。濕潤第1個派皮的表面，讓第2個派皮可以緊密黏附。將麵團切成2個各240克的正方形，接著擀成邊長23公分的正方形。

CRÈME D'AMANDE AUX GRIOTTES酸櫻桃杏仁奶油餡

製作奶油餡（見208頁食譜），加入去核的酸櫻桃。將奶油餡倒入直徑18公分的塔圈內。冷凍保存。

MONTAGE組裝

將酸櫻桃杏仁奶油餡餅擺在其中一張麵皮上（紅色面朝下）。用糕點刷在周圍刷上水，接著蓋上第2張麵皮（有色面朝上）。將邊緣密合，用直徑22公分的塔圈裁切，以去除多餘的麵皮。用水果刀背壓緊內餡與派皮的結合處，讓2張麵皮密合，以免餡料在烘烤時溢出。用糕點刷和水沾濕烤盤。倒扣，將烘餅擺在上面，冷藏靜置15分鐘。在烘餅表面刷上蛋液，接著用刀在表面割出對稱的花紋。
放入預熱至190℃（溫控器6/7）的烤箱，接著將溫度調低為170℃（溫控器5/6），烤40分鐘。務必要讓烘餅保持紅色。出爐時，用糕點刷刷上少許糖漿，在周圍黏上一些切碎的開心果，保存。若要進行更精緻的修飾，可在開心果碎篩上一些糖粉，並在享用時以幾顆酸櫻桃和金箔進行裝飾。

NIVEAU

3

GALETTE PAMPLEMOUSSE ROSE
粉紅葡萄柚烘餅

de Gontran Cherrier 高通·雪希耶
Ancien élève de FERRANDI Paris
和

6人份	**材料**
	果瓣（SEGMENTS）
準備時間	粉紅葡萄柚
2小時	（pamplemousse rose）1顆
	金巴利（Campari以橙皮調味的紅
浸漬時間	色利口酒）60毫升
1個晚上	水90毫升
	糖160克
冷藏時間	
4小時＋2個晚上	**黑麥折疊派皮**
	（FEUILLETAGE SEIGLE）
烘焙時間	融化奶油80克
1小時	水130克
	T65 麵粉275克
器具	T130黑麥麵粉（farine de seigle）
擀麵棍	70克
烘焙刮板	鹽7克
直徑24公分的塔圈	折疊用奶油250克
糕點刷	
塔皮花邊夾	**杏仁奶油餡**（CRÈME D'AMANDE）
	奶油70克
	糖70克
	未加工杏仁粉70克
	蛋70克
	卡士達粉10克
	最後修飾
	糖粉適量

———— SEGMENTS果瓣

前一天，取下葡萄柚的果瓣（約150克）。在平底深鍋中，用金巴利、水和糖製作糖漿。淋在果瓣上，保存於陰涼處一整晚。

———— FEUILLETAGE SEIGLE黑麥折疊派皮

將融化奶油倒入冷水中，與2種麵粉、鹽製作基本揉和麵團。冷藏靜置2小時。將基本揉和麵團包裹折疊用奶油並進行第一次雙折（參考66頁），冷藏靜置至少2小時，進行一次單折，接著冷藏保存1個晚上。隔天，製作1個雙折和1個單折，將派皮擀至2公釐的厚度，接著裁成2個直徑24公分的圓餅。保存在陰涼處。

———— CRÈME D'AMANDE杏仁奶油餡

將奶油和糖攪拌至乳化，加入杏仁粉，接著是常溫蛋。最後再加入卡士達粉。將葡萄柚果瓣瀝乾，約略切成小丁後加入杏仁奶油餡中。

———— MONTAGE組裝

在折疊派皮的圓餅中央鋪上杏仁奶油餡和葡萄柚丁。用糕點刷刷濕潤派皮邊緣。擺上第2塊派皮圓餅。用水果刀背壓緊內餡與派皮的結合處，讓2張麵皮密合，以免餡料在烘烤時溢出。於陰涼處保存1個晚上。

入烤箱以200℃（溫控器6/7）烤25分鐘，接著在烘餅上擺上1張烤盤紙，並放上1個網架或輕烤盤，以形成平坦的表面。再烤20分鐘。出爐後，將烘餅倒扣在烤盤或烤箱的烤架上。將烤箱溫度調高為230至240℃（溫控器7/8）。在烘餅表面篩上糖粉，再放入烤箱，烤至表層形成焦糖。

NIVEAU

1

CROQUEMBOUCHE
泡芙塔

12至15人份

準備時間
2小時30分鐘

烘焙時間
40分鐘

冷藏時間
30分鐘

保存時間
12小時

器具
網篩
擠花袋+直徑10公釐的平口擠花嘴
漏勺
溫度計
擀麵棍
直徑24公分的塔圈2個
糕點刷
打蛋器
烤盤墊

材料
泡芙麵糊（PÂTE À CHOUX）
水100克
鮮乳100克
奶油90克
鹽4克
糖4克
麵粉70克
蛋200克
煮沸的鮮乳5克

奴軋汀（NOUGATINE）
糖250克
水125克
葡萄糖125克
切碎杏仁200克

熟糖（SCURE CUIT）
糖250克
水75克
葡萄糖25克

卡士達奶油醬
（CRÈME PÂTISSIÈRE）
鮮乳400克
香草莢1根
蛋80克
糖120克
蛋黃24克
麵粉30克
卡士達粉30克
奶油40克

鑄糖（SCURE COULÉ）
糖330克
水130克
葡萄糖100克
深棕色食用色素適量

最後修飾
珍珠糖適量

PÂTE À CHOUX泡芙麵糊
製作泡芙麵糊（見162頁食譜）。填入裝有直徑10公釐平口擠花嘴的擠花袋，擠出60個約直徑3公分的小泡芙。入烤箱以210℃（溫控器7）烤20至25分鐘。

NOUGATINE奴軋汀
在平底深鍋中，將糖和水煮沸。煮沸後，加入葡萄糖，接著撈去浮沫，煮至形成焦糖。將切碎的杏仁散放在鋪有烤盤紙的烤盤上，入烤箱以165℃（溫控器5/6）烘乾15分鐘。在焦糖的溫度達165℃時和杏仁碎混合。用擀麵棍擀壓，裁成直徑24公分的圓，和其他你想要用來裝飾的形狀。

SCURE CUIT熟糖
在平底深鍋中加熱水和糖。用糕點刷擦拭鍋壁。煮沸時，混入葡萄糖，煮至約160℃。將鍋子浸入裝有冷水的盆中以中止加熱。

CRÈME PÂTISSIÈRE卡士達奶油醬
製作卡士達奶油醬（見196頁食譜）。在奶油醬表面緊貼上保鮮膜，立刻冷藏冷卻。

SCURE COULÉ鑄糖
在平底深鍋中加熱水和糖。用糕點刷擦拭鍋壁。煮沸時，混入葡萄糖，煮至約160℃。加入食用色素。倒入擺在烤盤墊上直徑24公分的塔圈中。在糖餅凝固時脫模。

MONTAGE組裝
為泡芙填入卡士達奶油醬（見168頁技巧）。在鑄糖圓餅上，放直徑24公分的塔圈，塔圈中擺上奴軋汀圓餅。將泡芙浸入熟糖中，並用一半的泡芙蘸上珍珠糖，然後開始黏上第一排預先泡過熟糖的泡芙。以交錯的方式組裝第二排泡芙。從上方移去塔圈，繼續排列，並縮減每層泡芙的數量，以形成圓錐狀。以奴軋汀片進行裝飾。

TRUCS ET ASTUCES DE CHEFS
主廚的技巧與訣竅

· 記得不時加熱裝有熟糖的平底深鍋，讓糖稍微軟化。

· 為糖蓋上玻璃紙後再用擀麵棍擀壓，以免沾黏。

NIVEAU
2

CROQUEMBOUCHE À LA NOUGATINE DE SÉSAME AUX ÉCLATS DE GRUÉ DE CACAO

可可粒芝麻奴軋汀泡芙塔

12至15人份

準備時間
3小時30分鐘

烘焙時間
30分鐘

保存時間
12小時

器具
網篩
擠花袋+直徑10公釐的平口擠花嘴
打蛋器
漏勺
糕點刷
溫度計
直徑22公分的塔圈
直徑6公分的塔圈
直徑18公分的塔圈
擀麵棍
直徑3和5公分的圓形壓模

材料

泡芙麵糊 (PÂTE À CHOUX)
水100克
鮮乳100克
奶油90克
鹽4克
糖4克
麵粉70克
蛋200克

巧克力輕卡士達奶油醬
(CRÈME PÂTISSIÈRE LÉGÈRE AU CHOCOLAT)
鮮乳500克
蛋100克
蛋黃30克
糖150克
玉米粉80克
奶油50克
純可可膏 (cacao pâte) 60克
脂肪含量35%的液狀鮮奶油200克

可可粒芝麻奴軋汀
(NOUGATINE SÉSAME AUX ÉCLATS DE GRUÉ DE CACAO)
糖1公斤
水500克
葡萄糖500克
芝麻800克
烘焙可可粒 (grué de cacao torréfié) 200克

熟糖 (SCURE CUIT)
水150克
糖500克
葡萄糖50克
水溶性棕色食用色粉1克

最後修飾
珍珠糖適量

PÂTE À CHOUX 泡芙麵糊
製作泡芙麵糊（見162頁食譜）。填入裝有直徑10公釐平口擠花嘴的擠花袋，擠出60個直徑約3公分的泡芙。入平板烤箱（four à sole）以210℃（溫控器7）烤20至25分鐘。

CRÈME PÂTISSIÈRE LÉGÈRE AU CHOCOLAT
巧克力輕卡士達奶油醬
製作卡士達奶油醬（見196頁食譜）。趁熱混入純可可膏。在表面緊貼上保鮮膜，立刻冷藏放涼。在卡士達奶油醬冷卻時，攪拌至平滑，接著用橡皮刮刀輕輕混入預先打發的液狀鮮奶油。

NOUGATINE SÉSAME AUX ÉCLATS DE GRUÉ DE CACAO
可可粒芝麻奴軋汀
在平底深鍋中將水和糖煮沸。煮沸後加入葡萄糖，接著撈去浮沫，煮至形成焦糖。將芝麻粒均勻地撒在鋪有烤盤紙的烤盤上，入烤箱以165℃（溫控器5/6）烘乾5分鐘。接著和焦糖混合，加入可可粒。鋪在矽膠墊上，保存在155℃（溫控器5）的烤箱中。

SCURE CUIT 熟糖
在平底深鍋中加熱水和糖。用糕點刷擦拭鍋壁。煮沸時，混入葡萄糖，煮至約160℃。加入食用色素，將鍋子浸入裝有冷水的盆中以中止加熱。其間，將鍋子加熱，讓溫度維持在160℃，不時攪拌，以保存顏色和糖的流動性。

MONTAGE 組裝
你可用熟糖製作1個直徑22公分的圓餅作為基底、1個直徑6公分的圓和1個底部6公分且高12公分的三角形。為泡芙填入巧克力卡士達奶油醬（見168頁技巧）。將泡芙浸入熟糖中，並用一半的泡芙蘸上珍珠糖。製作1公分高的奴軋汀基座和直徑18公分的圓。擺在大的焦糖圓餅上，開始黏上第一排的泡芙。以交錯的方式組裝第二排的珍珠糖泡芙，繼續排列，並縮減每層泡芙的數量，以形成圓錐狀。用底部20公分且邊長40公分的三角形模板作為輔助，將奴軋汀擀至3至4公分厚，並依模型裁出形狀。用圓形壓模在奴軋汀的餅皮上勻稱地進行裁切，接著輕輕將奴軋汀餅皮彎曲成半圓形。放涼後貼著泡芙金字塔，擺在奴軋汀的基台上。將一條奴軋汀擀成6公分×18公分，交錯裁成9個底部2公分的三角形。將三角形擺在擀麵棍上，形成如同「狼牙」般彎曲的形狀。用少許熟糖黏在基台和組裝好的泡芙上。在泡芙塔上擺上熟糖小圓餅，和預先以融化熟糖黏好的三角片。

NIVEAU

3

CROQUEMBOUCHE
泡芙塔

de Frédéric Cassel 德烈克·卡塞爾

Meilleur Pâtissier de l'année 1999 et de l'année 2007
1999 年和 2007 年的最佳甜點師

15人份

準備時間
3小時

烘焙時間
40分鐘

保存時間
24小時

器具
網篩
電動攪拌機
擠花袋+直徑8和10
公釐的平口擠花嘴
單柄糖鍋（Poêlon
à sucre）
糕點刷
烤盤墊
擀麵棍
打蛋器
直徑18公分的塔圈

材料

泡芙麵糊（PÂTE À CHOUX）
全脂鮮乳250克
水2150克
砂糖10克
鹽之花10克
奶油225克
美國繩牌麵粉（farine corde
américaine）275克
全蛋400克

杏仁奴軋汀
（NOUGATINE AMANDES）
切碎杏仁360克
水80克
砂糖480克
葡萄糖漿360克

香草卡士達醬
（CRÈME PÂTISSIÈRE VANILLE）
全脂鮮乳500克
粗紅糖125克
香草莢1根
蛋黃80克
布丁粉（poudre à flan）45克
無鹽奶油20克

焦糖（CARAMEL）
水400克
砂糖1公斤
葡萄糖漿200克

——— PÂTE À CHOUX泡芙麵糊
將麵粉過篩。將鮮乳、水、糖、鹽之花和奶油一起煮沸。離火後一次加入麵粉，以不要太大的火加熱，一邊以刮刀用力攪拌，直到麵糊不再沾黏鍋壁和刮刀，接著將麵糊加熱2至3分鐘讓水分蒸發。倒入裝有槳狀攪拌棒的攪拌缸中，慢慢地混入蛋。將麵糊攪拌至提起時會形成緞帶狀。填入裝有直徑10公釐平口擠花嘴的擠花袋，擠出直徑約3公分的泡芙麵糊。入平板烤箱（four à sole）以210℃（溫控器7）烤20至25分鐘。

——— NOUGATINE AMANDES杏仁奴軋汀
將切碎的杏仁放入烤箱，以160℃（溫控器5/6）烘烤15分鐘。在單柄糖鍋中，將水和糖一起秤重，接著開始緩慢地煮沸。務必要用濕潤的糕點刷將鍋壁噴濺的糖液擦拭乾淨。加入葡萄糖漿，接著以大火快速煮至形成金黃色的焦糖。中止烹煮，接著一次加入烘烤過的杏仁碎，接著以刮刀混合。將糖鍋稍微加熱，讓奴軋汀剝離，接著倒在烤盤墊上。稍微放涼後，將奴軋汀鋪開，裁成想要的形狀。

——— CRÈME PÂTISSIÈRE VANILLE香草卡士達奶油醬
在平底深鍋中將全脂鮮乳、一半的糖和剖半並刮出的香草籽煮沸。在不鏽鋼盆中，用打蛋器混合另一半的糖和蛋黃。加入布丁粉並攪拌。倒入1/3的煮沸鮮乳，混合後再全部倒回平底深鍋中煮沸。混入奶油，以冷藏快速冷卻。

——— CARAMEL焦糖
在單柄糖鍋中，將水和糖一起秤重，接著開始緩慢煮沸。務必要以濕潤的糕點刷將鍋壁擦拭乾淨。加入葡萄糖漿，接著以大火快速煮至形成金黃色的焦糖。

——— MONTAGE組裝
裁出1個直徑18公分的奴軋汀圓餅作為基底，並用模板裁出2個半月形作為側邊。為泡芙填入卡士達奶油醬（見68頁技巧），並將表面浸入焦糖中。將其中一個半月形的奴軋汀平放，黏上2排的泡芙（焦糖面朝外），接著再疊上第2層雙排泡芙。在表面黏上另一個半月形奴軋汀。用焦糖將泡芙塔黏在基座上。依個人喜好進行裝飾。

TARTELETTES AUX AGRUMES
柑橘迷你塔

50個

準備時間
1小時

冷藏時間
1小時

烘焙時間
15分鐘

保存時間
24小時

器具
打蛋器
直徑3公分的圓形壓模
網篩
電動攪拌機
擠花袋＋sultane擠花嘴

材料

布列塔尼酥餅 (SABLÉ BRETON)
膏狀奶油150克
糖140克
鹽2克
蛋黃60克
麵粉200克
泡打粉20克

柑橘慕斯林奶油醬
(MOUSSELINE AUX AGRUMES)
柳橙汁265克
柳橙皮1.5克
柚子泥（purée de pomelos）
265克
蛋黃90克
糖130克
馬鈴薯澱粉38克
奶油190克
吉力丁片6克
水36克
打發鮮奶油100克

最後修飾
葡萄柚2顆
柳橙2顆
黃檸檬2顆
檸檬水芹（limon cress）幾片

SABLÉ BRETON布列塔尼酥餅
在不鏽鋼盆中，用打蛋器混合軟化奶油、糖和鹽。加入蛋黃，接著是麵粉和泡打粉。用刮刀混合，但不要過度攪拌。用保鮮膜將麵團包起，冷藏保存。在麵團冷卻時，擀成5公釐的厚度，並以壓模裁切。入烤箱以170°C（溫控器5/6）烤12至15分鐘。

MOUSSELINE AUX AGRUMES柑橘慕斯林奶油醬
以卡士達奶油醬（見196頁食譜）的方式製作，但用柳橙汁取代鮮乳。將馬鈴薯澱粉和蛋黃一起攪拌，倒入1/3的煮沸的果汁，混合後再全部倒回平底深鍋中煮沸。加入熱奶油，並加入預先泡水且擰乾的吉力丁。以冷藏的方式冷卻。用電動攪拌機打發鮮奶油，輕輕混入奶油醬中。

MONTAGE組裝
將慕斯林奶油醬填入擠花袋。勻稱地擠在布列塔尼酥餅底部。取下3種柑橘果瓣，擺在迷你塔上，接著放上1片檸檬水芹。

TARTELETTES CITRON-JASMIN
茉香檸檬迷你塔

50個

準備時間
1小時30分鐘

冷藏時間
3小時

烘焙時間
1小時10分鐘

保存時間
48小時

器具
打蛋器
網篩
擀麵棍
漏斗型濾器
溫度計
手持式電動攪拌棒
邊長15公分的方形蛋糕框
烤盤墊
烘焙專用攪拌機
擠花袋＋直徑6公釐的
平口擠花嘴與星型擠花嘴

材料

檸檬甜酥麵團
(PÂTE SUCRÉE AU CITRON)
膏狀奶油190克
糖210克
鹽3.5克
蛋黃50克
蛋75克
檸檬汁40克
青檸皮1克
麵粉500克

茉莉奶油餡
(CRÉMEUX AU JASMIN)
全脂鮮乳250克
脂肪含量35%的液狀鮮奶油250克
茉莉花茶30克
糖85克
NH果膠2克
蛋黃70克

檸檬奶油醬
(CRÉME AU CITRON)
糖225克
青檸皮25克
青檸汁175克
蛋200克
吉力丁片6克
奶油290克
打發鮮奶油100克

檸檬果凝 (GELÉE DE CITRON)
檸檬汁300克
糖45克
吉力丁片6克

瑞士蛋白霜 (MERINGUE SUISSE)
糖100克
蛋白50克

PÂTE SUCRÉE AU CITRON檸檬甜酥麵團
在沙拉攪拌盆中，用打蛋器攪拌奶油、糖、鹽、蛋黃、蛋、檸檬汁和檸檬皮，進行乳化。加入過篩的麵粉並拌勻。最後在工作檯上用手將麵團揉勻。冷藏保存至少30分鐘，接著擀成3公釐厚並裁成1公分×3公分的長方形。擺在鋪有烤盤紙的烤盤上。入烤箱以170℃（溫控器5/6）烤約8分鐘。

CRÉMEUX AU JASMIN茉莉奶油餡
在平底深鍋中加熱鮮乳和鮮奶油。離火後加入茶葉，蓋上保鮮膜，浸泡15分鐘。用漏斗型濾器過濾，加入混合的糖和果膠。混合均勻，接著煮沸。將1/3的奶茶倒入打散的蛋黃中，接著再全部倒回平底深鍋中，煮至85℃。冷藏保存至少1小時。

CRÉME AU CITRON檸檬奶油醬
混合糖和果皮。在平底深鍋中，將檸檬汁、糖及果皮的混合物煮沸。一邊攪拌，一邊加入打散的蛋，將全部煮沸。用漏斗型濾器過濾，混入預先泡水並擰乾的吉力丁，接著在降溫至40℃時加入奶油，再以手持式電動攪拌棒攪打。冷卻後用橡皮刮刀輕輕混入打發鮮奶油。冷藏保存1小時。

GELÉE DE CITRON檸檬果凝
在平底深鍋中加熱1/4的檸檬汁、糖和泡水並擰乾的吉力丁。混合後加入剩餘的檸檬汁。倒入擺在烤盤墊上的方形蛋糕框中。冷藏至果凝凝固。切成邊長5公釐的方塊。

MERINGUE SUISSE瑞士蛋白霜
製作瑞士蛋白霜（見236頁食譜）。將蛋白霜填入裝有直徑6公釐平口擠花嘴的擠花袋，擠出小點。入烤箱以80℃（溫控器2/3）烤約1小時。

MONTAGE組裝
用裝有直徑6公釐平口擠花嘴的擠花袋，勻稱地在長方形酥餅上擠出檸檬奶油醬小點，接著是茉莉奶油餡小點。擺上蛋白霜和果凝塊，並以檸檬水芹（LIMON CRESS）裝飾。

CAROLINE
CHOCOLAT MENDIANT
堅果巧克力迷你閃電泡芙

50個

準備時間
1小時

烘焙時間
30至40分鐘

冷藏時間
40分鐘

保存時間
48小時

器具
網篩
擠花袋+直徑6和10公釐的
平口擠花嘴
打蛋器
溫度計
漏斗型網篩
手持式電動攪拌棒

材料
泡芙麵糊（PÂTE À CHOUX）
水125克
全脂鮮乳125克
鹽5克
糖5克
奶油100克
麵粉150克
蛋250克

巧克力奶油餡
（CRÉMEUX CHOCOLAT）
全脂鮮乳200克
脂肪含量35%的液狀鮮奶油
200克
蛋黃80克
糖40克
可可成分70%的黑巧克力
160克

最後修飾
巧克力翻糖適量
切半的開心果適量
切丁的杏桃乾適量
烘焙碎榛果適量

PÂTE À CHOUX泡芙麵糊
在平底深鍋中，將水、鮮乳、鹽、糖和切塊奶油煮沸。在液體中一次加入過篩麵粉，接著以大火煮至水分蒸發麵糊不黏鍋。離火後，混入一顆顆的蛋，一邊以刮刀混合（見162頁食譜）。用裝有直徑10公釐平口擠花嘴的擠花袋，在不沾烤盤上擠出長5公分且直徑約1.5公分的迷你閃電泡芙。入烤箱以180℃（溫控器6）烤30至40分鐘。

CRÉMEUX CHOCOLAT巧克力奶油餡
在平底深鍋中，將鮮乳和鮮奶油煮沸。用打蛋器將蛋黃和糖攪打至泛白，接著倒入鮮乳中，煮至82-84℃，讓奶油醬濃稠至可附著於刮刀上。在切碎的巧克力上方，用漏斗型網篩過濾奶油醬。用手持式電動攪拌棒攪打所有材料，同時將電動攪拌棒握好，保持平穩，以免混入空氣。冷藏保存30至40分鐘。

MONTAGE組裝
為閃電泡芙覆以鏡面（見169頁技巧）。用裝有直徑6公釐平口擠花嘴的擠花袋，為迷你閃電泡芙填入巧克力奶油餡。在迷你閃電泡芙表面鋪上巧克力翻糖。在翻糖硬化之前，將堅果和杏桃乾勻稱地擺在翻糖上。

RELIGIEUSE VANILLE-FRAMBOISE
香草覆盆子修女泡芙

50個

準備時間
1小時30分鐘

烘焙時間
30分鐘

冷藏時間
2小時

冷凍時間
1小時

保存時間
48小時

器具
擀麵棍
直徑1和2公分的圓形壓模
網篩
擠花袋+直徑4和10公釐的
平口擠花嘴
溫度計
手持式電動攪拌棒
珠形矽膠模（Moule en silicone
formes de billes）

材料
香草脆皮（CRAQUELIN VANILLE）
奶油50克
糖50克
榛果粉10克
杏仁粉10克
麵粉20克
香草莢1根

泡芙麵糊（PÂTE À CHOUX）
水125克
全脂鮮乳125克
鹽5克
糖5克
奶油100克
麵粉150克
蛋250克

香草奶油餡
（CRÉMEUX VANILLE）
吉力丁片4克
蛋黃80克
糖70克
脂肪含量35%的液狀鮮奶油
340克
香草莢1根

覆盆子奶油餡
（CRÉMEUX FRAMBOISE）
吉力丁片2克
覆盆子果泥200克
蛋黃60克
蛋75克
糖50克
奶油75克

紅色鏡面（GLAÇAGE ROUGE）
吉力丁片4克
脂肪含量35%的液狀鮮奶油
115克
白巧克力190克
無色無味的鏡面果膠75克
脂溶性紅色色素適量

香草魚子（CAVIAR DE VANILLE）
鮮乳100克
香草莢1根
吉力丁片1.5克

CRAQUELIN VANILLE 香草脆皮
用手混合所有材料，製作甜酥麵團。將塔皮在2張烤盤紙之間擀至2公釐的厚度。用2種尺寸的圓形壓模裁成脆皮圓餅。擺在擠出來的泡芙麵糊上（小的脆皮擺在小的泡芙上，大的脆皮擺在大的泡芙上）。

PÂTE À CHOUX 泡芙麵糊
在平底深鍋中將水、鮮乳、鹽、糖和切塊奶油煮沸。在液體中加入過篩的麵粉，接著以大火煮至水分蒸發（見162頁食譜）。離火後，混入一顆顆的蛋，一邊以刮刀攪拌。用裝有擠花嘴的擠花袋在不沾烤盤上擠出20個直徑1公分的泡芙（頭部）和20個直徑3公分的泡芙（身體）。放上脆皮入烤箱以180℃（溫控器6）烤20至30分鐘。

CRÉMEUX VANILLE 香草奶油餡
在裝滿冷水的容器中將吉力丁泡軟。用打蛋器將蛋黃和糖攪打至泛白。將這混合物倒入平底深鍋中，加入液狀鮮奶油和香草莢刮出的香草籽，接著煮至82-84℃，直到形成濃稠至可附著於刮刀上的稠度。加入擰乾的吉力丁。離火，移至不鏽鋼盆中，用手持式電動攪拌棒攪打幾秒，形成濃稠滑順的質地。放涼後再使用。用裝有直徑10公釐平口擠花嘴的擠花袋，為修女泡芙的身體填餡。

CRÉMEUX FRAMBOISE 覆盆子奶油餡
在裝滿冷水的容器中將吉力丁泡軟。在平底深鍋中放入奶油以外的所有材料。以小火煮沸，接著加入擰乾的吉力丁，一邊攪拌。混合物冷卻至35-40℃，就混入奶油，並用手持式電動攪拌棒攪打至乳化。移至不鏽鋼盆中，冷藏冷卻。用裝有直徑4公釐平口擠花嘴的擠花袋，為修女泡芙的頭部填餡。

GLAÇAGE ROUGE 紅色鏡面
在裝滿冷水的容器中將吉力丁泡軟。在平底深鍋中將鮮奶油煮沸，接著混入擰乾的吉力丁。倒入切碎的巧克力和鏡面果膠，接著攪拌至形成如同甘那許般的質地。加入食用色素，拌勻。在30-35℃時使用。為修女泡芙的頭部表面蘸上鏡面。放涼。

CAVIAR DE VANILLE 香草魚子
將鮮乳和從剖半的香草莢內刮出的香草籽煮沸。加入預先泡水軟化並擰乾的吉力丁。倒入彈珠形狀的矽膠模型中，冷凍保存。

MONTAGE 組裝
在填餡的修女泡芙身體上，擺上橫切成兩半的覆盆子（因此形成「環形的」覆盆子）。在覆盆子上擺修女泡芙的頭部，覆有鏡面的那面朝上。在表面擺上1顆或數顆的香草魚子小珠，可再以銀箔裝飾。

MIGNARDISES PISTACHE-GRIOTTE
開心果酒漬櫻桃小點

50個

準備時間
1小時30分鐘

冷藏時間
2小時30分鐘

烘焙時間
30分鐘

保存時間
48小時

器具
電動攪拌機
擀麵棍
直徑2.5公分的圓形壓模
溫度計
直徑約2.5公分的半球形矽膠模
擠花袋+木柴蛋糕擠花嘴
（douille à bûche）

材料
可可酥餅（SABLÉ CACAO）
蛋黃50克
糖100克
膏狀奶油100克
麵粉125克
鹽1克
可可粉35克
泡打粉6克

開心果輕奶油醬
（CRÈME LÉGÈRE PISTACHE）
脂肪含量35%的液狀鮮奶油
100克
全脂鮮乳85克
香草莢1/2根
蛋黃18克
砂糖20克
麵粉4克
布丁粉（poudre à flan）4克
開心果膏（pâte de pistaches）
35克
白巧克力70克
打發鮮奶油（crème fouettée）
225克

開心果酸櫻桃軟糕
（MOELLEUX PISTACHE-GRIOTTE）
50%的杏仁膏360克
蛋180克
蜂蜜10克
開心果膏70克
膏狀奶油110克
酒漬櫻桃（griottine）60克

黑巧克力裝飾
（DÉCORS CHOCOLAT NOIR）
可可成分66%的覆蓋黑巧克力
200克

最後修飾
杏桃果膠（nappage abricot）
適量
開心果粉（poudre de
pistaches）適量

SABLÉ CACAO可可酥餅
在裝有槳狀攪拌棒的的攪拌缸中，將蛋黃和糖攪打至泛白，加入膏狀奶油，接著是麵粉、鹽、可可粉和泡打粉。用手完成最後的揉麵。用保鮮膜包起，冷藏保存40分鐘。將麵團擀至3公釐的厚度，用壓模裁切。將酥餅擺在鋪有烤盤紙的烤盤上，入烤箱以165℃（溫控器5/6）烤12分鐘。

CRÈME LÉGÈRE PISTACHE開心果輕奶油醬
在平底深鍋中將鮮奶油、鮮乳和半根香草莢的籽（預先剖半並刮下）煮沸。在不鏽鋼盆中，將蛋黃和糖攪打至泛白，接著加入麵粉和布丁粉。將1/3的鮮奶油倒入不鏽鋼盆中，一邊攪拌，接著再全部倒回平底深鍋中。煮至83℃，即讓奶油醬濃稠至可附著於刮刀上的程度，接著混入開心果膏和切碎的白巧克力。倒入鋪有保鮮膜的烤盤，為奶油醬緊貼上保鮮膜。冷藏放涼。奶油醬一變涼，就混入打發鮮奶油並冷藏保存。

MOELLEUX PISTACHE-GRIOTTE開心果酸櫻桃軟糕
在裝有槳狀攪拌棒的攪拌缸中，混合杏仁膏、蛋、蜂蜜和開心果膏。加入膏狀奶油，攪拌至形成平滑的質地。倒入半球模型中。在每個麵糊上擺上1顆酸櫻桃後，入烤箱以180℃（溫控器6）烤15分鐘。

DÉCORS CHOCOLAT NOIR黑巧克力裝飾
為巧克力調溫（見570和572頁技巧）。將烤盤紙切成10公分×5公分的帶狀。製作圓錐形紙袋（見598頁技巧），並填入調溫的巧克力。從帶狀烤盤紙的寬邊製作巧克力線條，接著在巧克力硬化前將烤盤紙彎曲，並擺在擀麵棍上。以冷藏的方式凝固。

MONTAGE組裝
將烤好的軟糕浸入杏桃果膠，撒上開心果粉。擺在烤好的可可酥餅上（將軟糕的平面擺在酥餅上）。放上1塊巧克力裝飾。用擠花袋在上面擠出一點漂亮的開心果輕奶油醬。

MOELLEUX FINANCIERS PARIS-BREST

巴黎布列斯特費南雪軟糕

50個

準備時間
1小時

烘焙時間
20分鐘

冷藏時間
1小時30分鐘

保存時間
48小時

器具
打蛋器
30公分×40公分且高1.3公分的方形蛋糕框
電動攪拌機
溫度計
擠花袋+聖多諾黑擠花嘴

材料
費南雪（FINANCIER）
麵粉150克
杏仁粉150克
糖150克
糖粉150克
轉化糖10克
奶油300克
蛋白250克

帕林內奶油醬
（CRÈME PRALINÉE）
全脂鮮乳200克
帕林內50克
蛋黃24克
糖40克
布丁粉（poudre à flan）20克
奶油100克

糖衣（ENROBE）
可可成分58%的覆蓋黑巧克力100克
葡萄籽油10克
棕色鏡面淋醬10克
切碎杏仁20克

最後修飾
烘焙碎榛果適量

FINANCIER費南雪
在沙拉攪拌盆中，用打蛋器混合所有的乾料和轉化糖。在平底深鍋中，將奶油加熱融化，直到形成榛果奶油（beurre noisette，亦稱焦化奶油）。在乾料中加入蛋白，接著是微溫的榛果奶油，用打蛋器混合。倒入方形蛋糕框中，入烤箱以160°C（溫控器5/6）烤約20分鐘。放涼並切成2公分×6公分的小長方形。

CRÈME PRALINÉE帕林內奶油醬
將鮮乳和帕林內煮沸。用打蛋器將蛋黃、糖和布丁粉攪打至泛白，接著以英式奶油醬的製作方式完成（參考196頁）。倒入保存容器中，趁著仍溫熱時混入一半的奶油，冷藏放涼。取出後在電動攪拌機中加入剩餘的奶油，將奶油醬攪打至形成濃稠滑順的質地。冷藏保存。

ENROBE糖衣
混合所有材料。在30°C時使用。

MONTAGE組裝
將費南雪浸入糖衣（底部除外），接著擺在烤盤紙上，讓糖衣凝固。用擠花嘴在費南雪上擠出波浪狀的帕林內奶油醬。用一些碎榛果裝飾。

TARTELETTES BANANE-CHOCOLAT
香蕉巧克力迷你塔

25個

準備時間
1小時30分鐘

烘焙時間
10分鐘

冷凍時間
2小時15分鐘

保存時間
48小時

器具
擀麵棍
迷你塔模
（Moules à tartelettes）
邊長20公分的方形蛋糕框
烤盤墊
打蛋器
溫度計
手持式電動攪拌棒
直徑1公分的圓形壓模
擠花袋+直徑5公釐的平口擠花嘴

材料
巧克力甜酥麵團
（PÂTE SUCRÉE CHOCOLAT）
可可粉45克
麵粉80克
糖粉75克
奶油50克
蛋35克

火焰香蕉夾層
（INSERT BANANE FLAMBÉE）
香蕉200克
粗紅糖30克
棕色蘭姆酒（rhum brun）50克
NH果膠5克
糖20克

巧克力奶油餡
（CRÉMEUX CHOCOLAT）
全脂鮮乳100克
脂肪含量35%的液狀鮮奶油
100克
糖10克
蛋黃25克
可可成分70%的覆蓋黑巧克力
75克

黑巧克力鏡面
（GLAÇAGE AU CHOCOLAT NOIR）
水30克
糖75克
葡萄糖75克
含糖煉乳50克
吉力丁片6克
可可成分60%的覆蓋黑巧克力
75克

最後修飾
香蕉1根
金箔1片

PÂTE SUCRÉE CHOCOLAT巧克力甜酥麵團
製作甜酥麵團，在糖粉、奶油和蛋的混合物中，加入麵粉與可可粉（參考60頁食譜）。將塔皮鋪在迷你塔模中，入烤箱以170℃（溫控器5/6）空烤10分鐘。

INSERT BANANE FLAMBÉE火焰香蕉夾層
將香蕉切丁，和粗紅糖一起加熱。一旦形成焦糖，就倒入蘭姆酒焰燒。加入混合了糖的果膠，再煮2分鐘。將方形蛋糕框擺在鋪有烤盤墊的烤盤上，將備料倒入方形蛋糕框。冷凍。

CRÉMEUX CHOCOLAT巧克力奶油餡
製作英式奶油醬（參考204頁），接著加入融化的巧克力進行乳化。用手持式電動攪拌棒攪打至均質後冷藏。

GLAÇAGE AU CHOCOLAT NOIR黑巧克力鏡面
在平底深鍋中，將水、糖和葡萄糖煮至105℃。一邊攪拌，一邊將上述糖漿倒入含糖煉乳中，並混入預先泡冷水軟化並擰乾的吉力丁。接著倒在切碎的黑巧克力上，然後趁熱以手持式電動攪拌棒攪打。以冷凍的方式冷卻，在35℃時使用。

MONTAGE組裝
將迷你塔底脫模。用圓形壓模將火焰香蕉夾層裁成小圓。在每個塔底擺上1片香蕉片夾層。用無擠花嘴的擠花袋，將巧克力奶油餡擠在上面，填至迷你塔的3/4高度。冷凍保存15分鐘左右。最後再用裝有直徑5公釐平口擠花嘴的擠花袋鋪上巧克力鏡面。用稍微烤成焦糖的香蕉片和金箔裝飾。

MOJITO
莫希托

25個

準備時間
1小時30分鐘

烘焙時間
25分鐘

冷藏時間
2小時

保存時間
冷藏48小時

器具
邊長20公分的方形蛋糕框
擀麵棍
烤盤墊
漏斗型濾器
擠花袋＋直徑5公釐的平口擠花
嘴＋直徑2公釐的星形擠花嘴
溫度計
電動攪拌機
手持式電動攪拌棒
邊長2公分方格的矽膠模
至少25個

材料
軟酥餅（SABLÉ FONDANT）
白巧克力50克
膏狀奶油80克
糖35克
杏仁粉35克
蛋黃15克
麵粉80克
鹽之花1克

青檸杏仁蛋糕體（BISCUIT AMANDE-CITRON VERT）
50%的杏仁膏35克
糖35克
青檸皮1克
蛋70克
麵粉40克
奶油40克

青檸薄荷蘭姆夾層（INSERT CITRON VERT MENTHE RHUM）
白蘭姆酒（rhum blanc）60克
青檸汁60克
新鮮薄荷8克
蔗糖漿（sirop de canne）75克
粗紅糖30克
果膠12克
薄荷綠食用色素適量

薄荷青檸慕斯（MOUSSE MENTHE CITRON VERT）
新鮮薄荷10克
青檸汁30克
蛋黃50克
糖35克
蜂蜜45克
青檸皮1/2顆
白蘭姆酒25克
脂肪含量40%的白乳酪（fromage blanc）250克
吉力丁片8克
打發鮮奶油140克

白色鏡面（GLAÇAGE BLANC）
糖100克
葡萄糖100克
水50克
含糖煉乳70克
吉力丁片7克
白巧克力100克

SABLÉ FONDANT軟酥餅
將巧克力隔水加熱至融化。在不鏽鋼盆中，用刮刀混合膏狀奶油、糖和杏仁粉。加入蛋黃，接著是麵粉。倒入融化的巧克力和鹽之花。混合至形成均勻的混合物。倒入擺在不沾烤盤上的方形蛋糕框內。入烤箱以150℃（溫控器5）烤約15分鐘，接著切成邊長3.5公分的方塊。

BISCUIT AMANDE-CITRON VERT青檸杏仁蛋糕體
在不鏽鋼盆中，用刮刀混合軟化的杏仁膏、糖和青檸皮。慢慢混入蛋，輕輕混入麵粉，接著是融化奶油。在鋪有烤盤墊的烤盤上，將混合物鋪成約5公釐的厚度。入烤箱以170℃（溫控器5/6）烤約10分鐘。在蛋糕體冷卻時，切成邊長2公分的方塊。

INSERT CITRON VERT MENTHE RHUM青檸薄荷蘭姆夾層
在平底深鍋中加熱蘭姆酒、檸檬汁、切碎的薄荷和蔗糖漿。用漏斗型濾器過濾，一邊按壓，置於室溫。加入混有果膠和食用色素的粗紅糖，煮沸。填入擠花袋，以冷藏的方式冷卻。

MOUSSE MENTHE CITRON VERT薄荷青檸慕斯
在平底深鍋中加熱薄荷和青檸檬汁，並浸泡10幾分鐘，接著以漏斗型濾器過濾。攪拌蛋黃和糖，隔水加熱至85℃，加入青檸檬汁用電動攪拌機打發，並攪打至備料冷卻。在另一個不鏽鋼盆中，混合蜂蜜、果皮、蘭姆酒和白乳酪，接著混入預先泡開、擰開並融化的吉力丁。用橡皮刮刀將1/3的打發鮮奶油混入第1份備料（炸彈麵糊pâte à bombe）中，混入白乳酪糊，接著輕輕加入剩餘的打發鮮奶油。填入擠花袋，以冷藏的方式冷卻。

GLAÇAGE BLANC白色鏡面
在平底深鍋中，將糖、葡萄糖和水煮至102℃。加入含糖煉乳，接著是泡水並擰乾的吉力丁片。倒在切碎的白巧克力上，接著用手持式電動攪拌棒攪打。預留備用，在約35℃時使用。

MONTAGE組裝
在方形的矽膠小模型中，用擠花袋填入慕斯至3/4滿。用裝有檸檬薄荷夾層的擠花袋，將檸檬薄荷夾層擠在慕斯方塊上。擺上青檸杏仁蛋糕體。冷凍保存。在方塊結凍時脫模，淋上約35℃的白色鏡面，擺在軟酥餅上。將平口擠花嘴換成2公釐的星形擠花嘴，用剩餘的薄荷青檸慕斯、青檸果肉丁與檸檬水芹進行裝飾。

SUCETTES PASSION
百香果棒棒糖

15根

準備時間
45分鐘

冷藏時間
2小時

烹調時間
10分鐘

保存時間
冷藏48小時

器具
溫度計
手持式電動攪拌棒
擠花袋+直徑5公釐的
平口擠花嘴
棒棒糖棍15根

材料

百香果棒棒糖
（SUCETTE PASSION）
吉力丁片1克
百香果肉100克
蛋黃30克
蛋40克
糖25克
奶油40克
直徑2.5公分的白巧克力中空球
15顆

鏡面（GLAÇAGE）
吉力丁片3克
脂肪含量35%的液狀鮮奶油75克
白巧克力125克
鏡面淋醬50克
自行選擇的食用色素適量

SUCETTE PASSION百香果棒棒糖
用冷水將吉力丁泡開。在平底深鍋中，放入除了奶油、中空球以外的所有材料和擰乾的吉力丁。以小火煮沸，一邊攪拌至形成膠狀質地。混合物一冷卻至約35-40℃，就混入塊狀奶油，並用手持式電動攪拌棒攪打至乳化。用裝有直徑5公釐平口擠花嘴的擠花袋，將百香果內餡擠入白巧克力中空的部分。冷藏保存至少2小時。將冷卻中的巧克力球從有洞的地方將糖棍插上。

GLAÇAGE鏡面
將吉力丁泡在冷水中。在平底深鍋中將鮮奶油煮沸，接著混入擰乾的吉力丁。攪拌至吉力丁溶解。倒入切碎的巧克力和鏡面淋醬中，接著攪拌至形成如甘那許般的質地。加入你選擇的食用色素並混合。放涼至35℃再使用。

MONTAGE組裝
在棒棒糖冷卻時，裹上鏡面。

SUCETTES FRAMBOISE
覆盆子棒棒糖

15根

準備時間
45分鐘

冷藏時間
2小時

烹調時間
10分鐘

保存時間
冷藏48小時

器具
溫度計
手持式電動攪拌棒
擠花袋+直徑5公釐的平口擠花嘴
棒棒糖棍15根

材料
覆盆子棒棒糖
(SUCETTES FRAMBOISE)
吉力丁片1克
覆盆子泥100克
蛋30克
蛋黃40克
糖25克
奶油40克
直徑2.5公分的黑巧克力中空球
15顆

鏡面（GLAÇAGE）
吉力丁片3克
脂肪含量35%的液狀鮮奶油
75克
白巧克力125克
鏡面淋醬（nappage miroir）
50克
自行選擇的食用色素適量

最後修飾
新鮮覆盆子幾顆
銀箔

SUCETTES FRAMBOISE覆盆子棒棒糖
用冷水將吉力丁泡開。在平底深鍋中放入除了奶油、中空球外的所有材料和擰乾的吉力丁。以小火煮沸，一邊攪拌至形成膠狀質地。在混合物冷卻並達35-40℃時，混入塊狀奶油，用電動攪拌機攪打至乳化。用裝有直徑5公釐平口擠花嘴的擠花袋，將覆盆子內餡注入巧克力球的中空部分。冷藏保存至少2小時。將冷卻中的巧克力球從有洞的地方將糖棍插上。

GLAÇAGE鏡面
將吉力丁泡在冷水中。在平底深鍋中將鮮奶油煮沸，接著混入擰乾的吉力丁。攪拌至吉力丁溶解。倒入切碎的巧克力和鏡面淋醬中，接著攪拌至形成如甘那許般的質地。加入你選擇的食用色素並混合。放涼至35℃再使用。

MONTAGE組裝
在棒棒糖冷卻時，裹上鏡面。以小塊的新鮮覆盆子和銀箔裝飾。

CONFISERIES & CONFITURES

糖果與果醬

515 Introduction 引言

520 Confiseries 糖果

520   Cuisson du sucre 煮糖
522   Pâte à tartiner 麵包抹醬
524   Pâte à tartiner caramel beurre salé 鹹奶油焦糖抹醬
526   Nougats 牛軋糖
530   Pâtes de fruits 水果軟糖
532   Caramels au beurre salé 鹹奶油焦糖軟糖
534   Guimauve 棉花糖
537   Amandes et noisettes caramélisées au chocolat 巧克力焦糖杏仁和榛果
540   Bonbons gélifiés 棉花軟糖
545   Pralines roses 玫瑰果仁糖
547   Pâte de duja 堅果醬
548   Praliné au caramel à sec 焦糖法帕林內
550   Praliné par sablage 以砂礫法（sablage）製作的帕林內（Praliné）

552 Confitures 果醬

Printemps-été 春－夏
552   Confiture de framboises 覆盆子果醬
554   Confiture de fraises 草莓果醬
556   Confiture d'ananas à la vanille et au rhum CHRISTINE FERBER 蘭姆香草鳳梨果醬

Automne-hiver 秋－冬
558   Confiture d'oranges 柳橙果醬
560   Confiture d'abricots 杏桃果醬
562   Confiture de pommes au caramel 焦糖蘋果醬 CHRISTINE FERBER

CONFISERIES ET CONFITURES (SUCRE CUIT)

糖果與果醬（熟糖）

它們的備料有何共通點?煮糖需要純熟的技術，必須運用良好的觀察力，以及...可靠的溫度計來掌控細節。只要懂得方法，沒有什麼是不可能的！

LE BON SUCRE 適合的糖

本書中所有的糖果和果醬都是以白糖製作的。亦可用粗紅糖或其他種類的紅糖來取代，但這些糖含有可能會燒焦的雜質，會對配方是否能製作成功，或是對成品的結實度造成影響。

白利度（BRIX）與波美度（BAUMÉ）
———

白利度為折射儀的單位。它可顯示出材料萃取物的含量百分比。專業人士使用的這項工具可從極少量的水溶液中判斷蔗糖的百分比。過去人們使用波美度，至今有時在某些書中還會提到。這種密度測量法自1960年代後法國已不再使用。

用手指還是溫度計？
———

在使用可靠的測量儀器之前，我們會用裝滿冷水的容器，還有...手指！來觀察糖烹煮的程度。先將手浸入冷水中，再抓取一些烹煮中的糖漿，接著再浸入冷水中，以觀察其狀態（球狀、線狀...），這可用來判定糖煮至哪個階段。這些觀察因而在煮糖的階段中留名（見次頁的列表和520頁的技巧）。在家庭中，若要監測糖漿的烹煮程度，沒有什麼比得上好的電子溫度計！

溫度計校準
———

為確保你的溫度計良好地運作，請將水煮沸，並檢查顯示的溫度。如果你看到的是100℃，那就太完美了！

當心燙傷！
———

要製作溫度不斷升高的糖，需要專注和組織能力。為避免意外，請清理你的工作檯，預備一個裝有冷水的容器，萬一真的燙傷，請立刻用水龍頭的水長時間沖洗燙傷處，並在有需要時請求援助。務必要提高警覺！

糖果的小故事
Le nougat牛軋糖

牛軋糖是最古老的知名糖果之一。
它的名稱來自拉丁文
nux gatum，意思是「核桃糕點」。
最早在 1701 年就有文獻提及
牛軋糖，當時貝里（Berry）和
波爾多（Bordeaux）公爵來到了
蒙特利馬（Montélimar）。
今日蒙特利馬已成法國
最主要的牛軋糖產地。

Les pralines
帕林內果仁糖

發明人克萊蒙·朱魯佐（Clément Juluzot）是普萊西·帕林（Plessis Praslin）元帥（舒瓦瑟 Choiseul 公爵）的廚師，為了向主人表示敬意，便以主人的名字為這種糖果命名。人們認為這是歷史上最早的糖果。

La guimauve棉花糖

棉花糖最早是以蜀葵根（racine de guimauve）和蜂蜜製作，但很早便不再以蜀葵為成分製作了。
結果只有名稱保留了下來！

Le caramel au beurre salé
鹹奶油焦糖

它是較近期的法國特產之一，在 1977 年才由基貝龍（Quiberon）的亨利·勒魯（Henri Le Roux）所發明。

牽絲（LISSÉ）（亦稱petit perlé）		
溫度	手指測試	流動性很高的糖漿。捏在大拇指和食指之間，糖絲會斷裂。
104-105 °C	用途	果醬、果凝（gelées）、水果軟糖（pâtes de fruits）

細絲（FILET）（亦稱perlé）		
溫度	手指測試	濃稠的糖漿。用大拇指和食指捏住，會拉長成細絲。
107 °C	用途	栗子的鏡面（Glaçage des marrons）、糖果的鏡面

軟球（PETIT BOULÉ）		
溫度	手指測試	滴入冷水，在指間形成扁平的球。
115 °C	用途	軟翻糖（Fondants mous）

球（BOULÉ）		
溫度	手指測試	滴入冷水，形成柔　的球。
117 °C	用途	軟焦糖（Caramels mous）、帕林內果仁糖（pralines）

硬球（GRAND BOULÉ）（或稱gros boulé）		
溫度	手指測試	滴入冷水，形成極硬的球。
120-121 °C	用途	義式蛋白霜、奶油霜、硬翻糖（fondants durs）、炸彈麵糊（pâte à bombe）。

軟脆片（PETIT CASSÉ）		
溫度	手指測試	碰到水時硬化並形成軟絲。
130-135 °C	用途	義式蛋白霜、奶油霜、硬翻糖、炸彈麵糊。

硬脆片（GRAND CASSÉ）		
溫度	手指測試	碰到水時硬化，形成容易斷裂的硬絲。
140-145 °C	用途	糖花（Sucre filet）、鑄糖（Sucre coulé）、拉糖（tiré）、吹糖（soufflé）。麥芽糖（Sucres d'orge）、棒棒糖

淺色焦糖（CARAMEL CLAIR）（亦稱petit jaune）		
溫度	手指測試	糖呈現金黃色。
165 °C	用途	泡芙塔、鑄糖、拉糖、吹糖、氣泡糖（bullé）、泡芙鏡面...

焦糖（CARAMEL）		
溫度	手指測試	糖變為淺棕色。
180 °C	用途	焦糖奶油醬、帕林內果仁糖、糖絲鳥籠（cages en caramel）、天使髮（cheveux d'ange）、鹹奶油焦糖醬

CONFITURES 果醬

製作果醬的原則為何？

以水果和糖為基底製作的果醬，經水分蒸發後形成的濃稠度足以確保果醬的保存，因此果醬的製作必須考慮下列因素：水果中所含的果膠含量；水果的酸度；水果中天然含有的水分。依水果的酸度和所含的糖分而定，我們每準備1公斤的水果，就會加入750克至1公斤的糖。

什麼是果膠？

水果中天然含有的果膠是讓果醬凝固的因素之一。果膠集中在果皮、果核、籽當中，其含量會依水果的種類和成熟度而有所不同。過熟的水果不再含有大量果膠：這就是為何選擇熟度適中的水果很重要，才能製作出可口的果凝或果醬。略帶青澀的水果僅含微量果膠，但較酸：有助果醬的良好凝固，但不應佔使用水果重量的1/6以上。

天然果膠少的水果，該如何處理？

可加入果膠多的水果（像是蘋果）或加入市售的果膠粉。

我**果膠的添加**

我們可以在烘焙材料行中找到果膠粉：永遠都要先與配方的糖混合後再使用，才能均勻散開不結塊。我們也能使用富含果膠的糖（在法國以Confisuc的名稱販售）搭配含微量果膠的水果。最好避免使用這類的糖搭配富含天然果膠的水果，以免形成過於濃稠且容易碎裂的質地，造成品嚐時口感不佳。

添加檸檬汁並非為了味道

檸檬汁可改善備料的酸鹼值，有助於果膠發揮作用。1公斤的水果只要使用2大匙的檸檬汁就夠了。

任何水果都能用來製作果凝嗎？

只能用富含果膠的水果來製作果凝，例如紅醋栗、蘋果、黑醋栗、桑葚、榲桲...。

密封罐的正確準備方法

永遠都要使用沒有破損、處於完美狀況的廣口玻璃罐。清洗後在沸水中浸泡20分鐘，蓋子也包括在內。為了避免破裂或互相碰撞，請用毛巾將它們隔開。接著將它們倒扣在潔淨的乾布上晾乾。

你也能將它們用烤箱以150℃（溫控器5）加熱20分鐘來殺菌。接著將熱果醬倒入罐中，並預留2公分的空隙。將瓶蓋蓋好，立刻倒扣：如此一來就會進行自動殺菌。以這種倒置的狀態下冷卻後再翻過來，經過這樣處理的果醬可保存一年。

有趣的組合

如何為果醬增添香氣？
香料、乾燥花或調味香草：可想出許多種變化！（見次頁的味道搭配表）

水果	果膠含量	水果	果膠含量	水果	果膠含量
Abricot 杏桃	中等	Framboise 覆盆子	中等	Pamplemousse 葡萄柚	豐富
Ananas 鳳梨	微量	Groseille 紅醋栗	豐富	Pêche 桃子	微量
Cassis 黑醋栗	豐富	Goyave 番石榴	豐富	Poire 洋梨	微量
Cerise 櫻桃	微量	Kiwi 奇異果	微量	Pomme 蘋果	豐富
Coing 榲桲	豐富	Myrtille 藍莓	中等	Prune 李子	豐富
Citron 檸檬	豐富	Nectarine 油桃	微量	Rhubarbe 大黃	微量
Fraise 草莓	微量	Orange 柳橙	豐富	Raisin 葡萄	微量

TABLEAU DES ALLIANCES
組合表

	ABRICOT 杏桃	ANANAS 鳳梨	BANANE 香蕉	CAROTTE 胡蘿蔔	CASSIS 黑醋栗	CERISE 櫻桃	CITRON 檸檬	COING 榲桲	DATTE 椰棗	FIGUE 無花果	FRAISE 草莓	FRAMBOISE 覆盆子	FRUIT DE LA PASSION 百香果	GROSEILLE 紅醋栗	KIWI 奇異果	KUMQUAT 金桔	LITCHI 荔枝	MANDARINE 橘子
ANETH 蒔蘿							◆											
ANIS 大茴香														◆				
BAIES ROSES / POIVRE ROSE 粉紅胡椒		◆															◆	
BADIANE 八角茴香					◆			◆								◆		
BASILIC 羅勒	◆				◆	◆					◆							◆
CANNELLE 肉桂	◆		◆			◆												
CARDAMOME 小豆蔻						◆			◆			◆						
CINQ ÉPICES 五香粉								◆							◆			
CITRONNELLE 檸檬草 / 檸檬香茅																◆		
CLOU DE GIROFLE 丁香	◆							◆		◆								
CORIANDRE 香菜				◆			◆	◆										
CUMIN 孜然	◆			◆														
ÉCHALOTE 紅蔥頭																		
ESTRAGON 龍蒿					◆							◆		◆				
FENOUIL 茴香										◆								
FÈVE TONKA 東加豆	◆																	
GINGEMBRE 薑	◆	◆	◆	◆			◆				◆	◆			◆			◆
LAURIER 月桂										◆								
LAVANDE 薰衣草	◆																	
MÉLISSE 檸檬香蜂草																	◆	
MENTHE 薄荷					◆	◆	◆			◆	◆	◆						◆
NOIX DE MUSCADE 肉豆蔻					◆													
OIGNON 洋蔥										◆								
PAVOT BLEU 藍罌粟							◆								◆			
PERSIL 荷蘭芹							◆											
POIVRE DE SICHUAN 花椒			◆								◆	◆						
POIVRE NOIR 黑胡椒					◆	◆								◆				
ROMARIN 迷迭香	◆				◆		◆			◆			◆					
ROSE 玫瑰								◆									◆	
SAFRAN 番紅花																◆		
SAUGE 鼠尾草				◆			◆											
THÉ EARL GREY 伯爵茶																	◆	
TILLEUL 椴樹																		
THYM 百里香	◆		◆				◆				◆	◆						
VANILLE 香草	◆	◆	◆	◆		◆			◆	◆		◆	◆	◆	◆	◆	◆	
VERVEINE 馬鞭草						◆												
VIOLETTE 紫羅蘭				◆													◆	

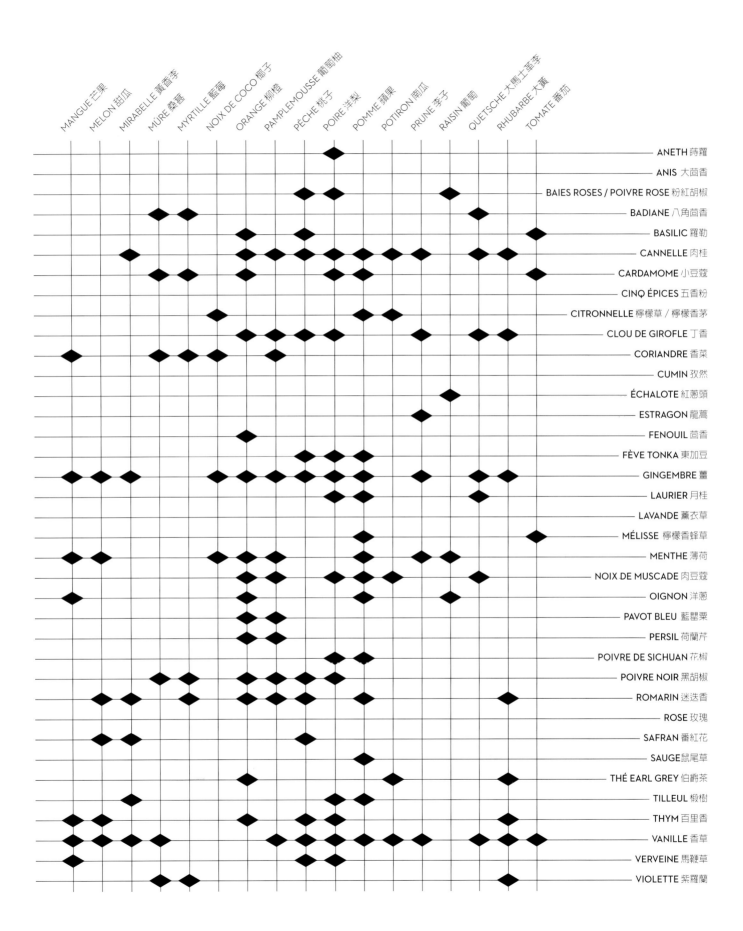

519

Cuisson du sucre
煮糖

材料
糖1公斤
葡萄糖100克
水350克

器具
溫度計

1. **軟球**（Petit boulé）：糖煮至115-117℃。
糖球無法成形，是軟的。

TRUCS ET ASTUCES DE CHEFS
主廚的技巧與訣竅

·手邊永遠要準備一個裝了冷水的容器。

·見 516 頁的煮糖表。

2 • 硬球（Gros boulé）：糖煮至120-121℃。
糖球是硬的，而且不會變形。

3 • 軟脆片（Petit cassé）：糖煮至130-135℃。
無法形成球狀，糖仍具有延展性。

4 • 硬脆片（Grand cassé）：糖煮至140-145℃。
糖不再具有可塑形，而且容易斷裂。

5 • 煮至160℃以上，糖變為**焦糖**。

Pâte à tartiner
麵包抹醬

250毫升的抹醬4罐

準備時間
30分鐘

烹調時間
20分鐘

保存時間
冷藏2星期

器具
鋸齒刀
手持式電動攪拌棒
250毫升的罐子4個

材料
脂肪含量35%的液狀鮮奶油
350克
蜂蜜50克
可可成分50%的黑巧克力
150克
堅果醬 (pâte de duja)
350克
(見547頁食譜)

1。 在平底深鍋中，將鮮奶油和蜂蜜煮沸。

3。將熱的鮮奶油倒入巧克力和堅果醬中。

4。用手持式電動攪拌棒攪打至形成平滑的甘那許。

2 • 將巧克力切小塊，接著和堅果醬一起放入盆中。

5 • 倒入保存容器中，放涼後再密封。

Pâte à tartiner caramel beurre salé

鹹奶油焦糖抹醬

250毫升的抹醬4罐

準備時間
30分鐘

烹調時間
15分鐘

保存時間
冷藏2星期

器具
溫度計
手持式電動攪拌棒
250毫升的罐子4個

材料
葡萄糖100克
糖500克
脂肪含量35%的液狀鮮奶油
250克
膏狀奶油400克
鹽之花1克

1. 在平底深鍋中煮葡萄糖，慢慢加入糖，以形成深棕色的焦糖。

3. 在焦糖達40℃時，倒入碗中，接著加入膏狀奶油和鹽之花。

4. 用手持式電動攪拌棒攪打至形成均勻的抹醬。

2 • 將鮮奶油煮沸，將熱的鮮奶油分幾次倒入焦糖中。

5 • 將抹醬倒入罐中，冷藏保存。

Nougats
牛軋糖

32個

準備時間
30分鐘

烹調時間
15分鐘

靜置時間
24小時

保存時間
以保鮮膜包好，於密閉的密封
罐中保存2個月

器具
糖漿溫度計
烘焙專用攪拌機
邊長16公分且高4公分的方形
蛋糕框2個
擀麵棍
鋸齒刀

材料
杏仁400克
水135克
糖400克
葡萄糖200克
蜂蜜500克
蛋白70克
開心果130克
方形蛋糕框大小的無酵薄餅
(feuille azyme)4張

1. 將杏仁鋪在不沾烤盤上，放入對流烤箱（four ventilé），以
150℃（溫控器5）烤15分鐘，烤至內部熟透。

TRUCS ET ASTUCES DE CHEFS
主廚的技巧與訣竅

· 在將蛋白霜混入蜂蜜和熟糖之前，勿將蛋白霜過度打發。

· 牛軋糖的堅硬度可能會依蜂蜜的種類而有所不同。
最好使用薰衣草蜜。

· 刀身可抹上可可脂（60克），以方便裁切。

· 由於使用的蛋白很微量，很難再減少這道食譜的份量。

· 過熟的糖會讓牛軋糖變得較硬，且較容易斷裂。

4. 接著加入145℃的熟糖。

2 • 在平底深鍋中,將水、糖和葡萄糖煮至145℃。

3 • 在裝有球狀攪拌棒的攪拌缸中將蛋白打至泡沫狀。用另一個平底深鍋煮蜂蜜(煮沸時,蜂蜜的體積會增加)。達130℃時,倒入泡沫狀蛋白霜中。

5 • 攪拌約5分鐘,讓溫度冷卻至70℃。

6 • 進行測試,以檢查濃稠度。必須要能夠用手指揉成球狀。

Nougats (suite)
牛軋糖（接續前頁）

7. 為攪拌機裝上槳狀攪拌棒，在降至60℃時加入微溫的烘焙杏仁和整顆的開心果。勿攪拌過長時間，以免將堅果打碎。

8. 立刻倒入下方鋪有無酵薄餅的方形蛋糕框中，再蓋上無酵薄餅。

10. 將多餘的無酵薄餅切掉，形成整齊的邊。

11. 置於乾燥處，讓牛軋糖完全冷卻。24小時後，用刀身劃過牛軋糖和方框內壁之間，脫模。

為了利於脫模，請記得在倒入牛軋糖糊之前，先在方形蛋糕框內側上油。

9 • 擺上1張烤盤紙，接著用擀麵棍將表面壓平。

12 • 用鋸齒刀切成1公分厚的條狀。

13 • 用透明糖果包裝紙將牛軋糖包起，保存在乾燥處。

529

Pâtes de fruits
水果軟糖

約50顆

準備時間
1小時

烹調時間
30分鐘

靜置時間
24小時

保存時間
以保鮮膜包好，保存2星期

器具
銅製平底深鍋
（Poêlon en cuivre）
打蛋器
糖漿溫度計
邊長16公分且高2公分的
不鏽鋼方框
烤盤墊

材料
葡萄糖175克
覆盆子泥500克
砂糖500克
黃色果膠10克
結晶糖500克
酒石酸溶液（solution d'acide
tartrique）4克
（即2克的酒石酸溶解在2克的
熱水中）或檸檬汁4克

用途
個別的小軟糖，或是以巧克力
包覆

1. 在銅製平底深鍋中，用打蛋器混合葡萄糖和水果泥。在溫度達40℃混入砂糖和預先混入糖中的黃色果膠。

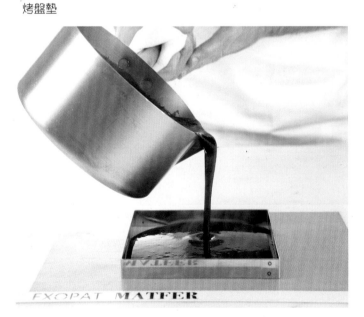

4. 立刻倒入預先刷上油並擺在烤盤墊上的方框中，放涼。

5. 用刀切成邊長3公分的方塊。

TRUCS ET ASTUCES DE CHEFS 主廚的技巧與訣竅

為了獲得較硬的水果軟糖，應調整烹煮的溫度：
－較低溫：軟糖會較軟；
－較高溫，軟糖會較硬，而且可保存較長的時間。

2・煮沸，並依份量而定，再煮2至3分鐘。分2至3次加入結晶糖，同時維持煮沸的狀態。煮至105-106℃，一邊攪拌，以免燒焦。

3・離火，加入酒石酸溶液並混合。

6・為水果軟糖裹上結晶糖。包裝前，請先將水果軟糖置於通風處24小時，讓軟糖的表面變硬，以免裹上的糖再度變得濕潤。

Caramels au beurre salé

鹹奶油焦糖軟糖

40顆

準備時間
30分鐘

靜置時間
2小時

保存時間
以密閉的密封罐保存2星期

器具
糖漿溫度計
16公分×12公分且高0.5公分
的方形框2個
烤盤墊

材料
糖250克
葡萄糖50克
脂肪含量35%的液狀鮮奶油
125克
奶油160克
鹽之花2.5克

1. 在平底深鍋中,乾煮糖和葡萄糖至形成焦糖(最高175至
   180℃)。
   利用這段時間,將液狀鮮奶油煮沸。

3. 離火後,慢慢混入奶油,以形成均勻的質地。再度加熱,
   繼續煮至120℃。

4. 加入鹽之花,接著倒入置於烤盤墊上的方框中。

2. 慢慢加入熱的鮮奶油（以免噴濺出來），將焦糖調稀。用刮刀混合。

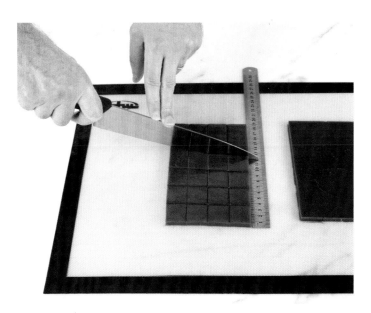

5. 放涼至少2小時，再切成想要的形狀。

Guimauve
棉花糖

60顆

準備時間
45分鐘

烘焙時間
15分鐘

凝固時間
12至24小時

保存時間
在密閉罐中保存1星期

器具
糖漿溫度計
烘焙專用攪拌機
擠花袋+直徑10和15公釐的
平口擠花嘴
烤盤墊
網篩

材料
吉力丁片15克
水110克
砂糖330克
葡萄糖35克
蛋白80克
青蘋果精萃30克
（或其他你選擇的精萃）
食用色素適量
玉米粉100克
糖粉100克

用途
單顆迷你的棉花糖或
沾裹覆蓋巧克力

1．將吉力丁片泡在大量的冷水中15分鐘。

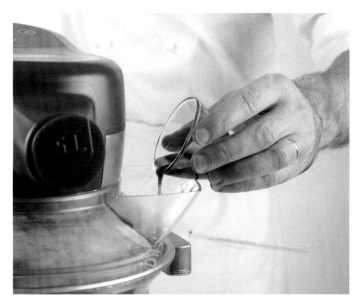

4．用電動攪拌機攪打至形成緞帶狀。依需求和想要的效果調味並染色。

TRUCS ET ASTUCES DE CHEFS 主廚的技巧與訣竅

將蛋白過濾後再使用。

2。在平底深鍋中，將水、糖和葡萄糖煮至125℃。

3。將蛋白打發成泡沫狀，以極緩慢的方式倒入熟糖。在還溫熱的平底深鍋中放入預先擰乾的吉力丁，讓吉力丁融化，接著加入義式蛋白霜混合。

5。填入擠花袋（見30頁技巧），在烤盤墊上擠出想要的形狀。

6。必須讓棉花糖在室溫（17℃）下膠化12至14小時，這樣才能達到理想效果。

Guimauve (suite)

棉花糖（接續前頁）

· 為刀身上油有利於棉花糖的裁切。

· 為了更容易打結，
記得讓手指和棉花糖條都沾上玉米粉。

7. 輕輕將棉花糖從烤盤墊上剝離。用稍微上油的刀裁切並確定形狀，例如打結。

8. 裹上玉米粉、糖粉的混合物（100克的玉米粉，100克的糖粉），接著將數個棉花糖擺在網篩內篩去多餘的粉。

Amandes et noisettes caramélisées au chocolat 巧克力焦糖杏仁和榛果

1公斤

準備時間
50分鐘

烹調時間
15分鐘

保存時間
以緊閉的密封罐保存3星期

器具
銅鍋
糖漿溫度計
網篩

材料
去皮杏仁
（amandes blanches）150克
去皮榛果
（noisettes blanches）150克
水70克
結晶糖200克
奶油10克
覆蓋牛奶巧克力100克
可可成分58%的覆蓋黑巧克力
400克
可可粉50克

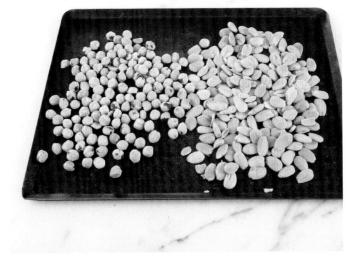

1 • 將堅果鋪在不沾烤盤上，入烤箱以160℃（溫控器5/6）烘焙約15分鐘，直到烤成金黃色。

TRUCS ET ASTUCES DE CHEFS
主廚的技巧與訣竅

· 應將堅果煮至部分焦糖化，以免再吸收水分。

· 應分數次且每次添加少量的巧克力，
以形成圓形的榛果和杏仁。

· 不用等到最後的糖衣完全凝固，
便可加入第一部分的可可粉。
但請等到完全凝固後再加入第二部分的可可粉。

2 • 在銅鍋中將糖漿（水和糖）煮至117℃（軟球狀態，見520頁技巧）。加入烘焙堅果，以刮刀攪拌成砂礫狀。

Amandes et noisettes
caramélisées au chocolat（接續前頁）巧克力焦糖杏仁和榛果

3‧以中火煮至部分堅果外層形成焦糖，接著加入奶油。
混合均勻。

4‧倒在工作檯上，將杏仁和榛果一個個分開。接著在冷卻時
放入大碗中。

6‧接著分二次裹上調溫黑巧克力（見570和572頁技巧），一
邊攪拌。每次裹上糖衣之間，先讓巧克力凝固2分鐘。

7‧加入一半的可可粉。混合拌勻，讓可可粉凝固2分鐘，再倒
入剩餘的可可粉。

5 • 為牛奶巧克力進行調溫（見570和572頁技巧）。倒在堅果
上。混合，讓堅果充分被巧克力所包裹，讓巧克力糖衣凝
固約2分鐘。

8 • 讓糖衣凝固後，篩去多餘的可可粉。以袋子、紙盒或密封
罐儲存。

Bonbons gélifiés
棉花軟糖

約80個

準備時間
30分鐘

烹調時間
10分鐘

凝固時間
48小時

保存時間
以密封罐保存3至4日

器具
打蛋器
溫度計
自動漏斗填餡器
（Entonnoir à piston）
聚碳酸酯或熱塑性塑膠製的
巧克力耐熱模
（moule à friture chocolat）4個
烘焙專用攪拌機
擠花袋

材料
玉米粉50克
糖粉50克
砂糖100克

糖果（BONBON）
水150克
百香果肉250克
葡萄糖漿100克
糖300克
黃色果膠7克
檸檬酸溶液（solution
d'acide）5克
（即2.5克的檸檬酸溶解在
2.5克的熱水中）
或檸檬汁5克

棉花糖（MARSHMALLOW）
水40克
轉化糖100克
糖125克
吉力丁片10克
橙花10克
檸檬酸溶液1克
（即0.5克的檸檬酸溶解在
0.5克的熱水中）
或檸檬汁1克

1. **Bonbon糖果**：在平底深鍋中，將水、百香果肉和葡萄糖加熱至40℃。用打蛋器混入預先混有果膠的100克糖，接著煮沸。

4. **Marshmallow棉花糖**：在平底深鍋中，將水、40克的轉化糖和糖煮至110℃。

· 可依濃度而定，以 2 克的精萃來取代橙花水。

· 果肉的選擇可以有所不同，不必因而更改配方。

· 亦能使用罐裝的水果糖漿，例如：杏桃、洋梨或櫻桃（通常在糖折射儀上的濃度為 16°Brix，即 840 克的水和 160 克的糖），
在這種情況下，可加入你選擇的精萃。

2 · 分二次放入剩餘的糖，煮至107℃。

3 · 加入檸檬酸溶液，接著倒入模型至全滿，或是如果你要加上一層棉花糖，就倒至2/3滿。室溫放涼1至2日。

5 · 將上述混合物倒入裝有球狀攪拌棒的攪拌缸中，倒在剩餘60克的轉化糖上。加入預先泡水、擰乾並微波幾秒至融化的吉力丁，接著是酒石酸溶液和橙花水。

6 · 快速打發，接著在混合物達20℃時，將備料填入無擠花嘴的擠花袋（將直徑2至3公釐的末端剪掉）。

Bonbons gélifiés (suite)
棉花軟糖（接續前頁）

7 • 將已經填入糖果的剩下1/3模型填滿。在室溫下放涼24小時。

8 • 為糖果背面撒上混合好的玉米粉和糖粉後再脫模。

9 • 為棉花軟糖裹上砂糖作為最後修飾。

TRUCS ET ASTUCES DE CHEFS
主廚的技巧與訣竅

• 棉花軟糖本身便可食用，亦可倒入方形蛋糕框中，再切成條狀。

• 依個人想要的酸度而定，可在修飾用糖中混入1撮的檸檬酸結晶，
這會更接近大家熟悉市售的糖果。

Pralines roses

玫瑰果仁糖

600克

準備時間
25分鐘

烹調時間
15分鐘

保存時間
在密閉罐中保存2星期

器具
糕點刷
溫度計
銅鍋
網篩

材料
末加工杏仁
（amandes brutes）200克
水160克
糖400克
紅色食用色素適量
香草莢1/2根

1. 揀選並用水沖洗杏仁，以去除灰塵。將杏仁鋪在不沾烤盤上，入烤箱以150℃（溫控器5）烘焙15分鐘。放涼。

2. 在平底深鍋中，放入水、糖、食用色素和香草籽。煮沸1分鐘，同時用糕點刷擦鍋邊，並撈去浮至糖液表面的浮沫。

3. 取200克的糖漿放入碗中。保留250克的糖漿在鍋中，再煮至115℃。

TRUCS ET ASTUCES DE CHEFS
主廚的技巧與訣竅

- 加入同樣重量的糖和水，製作薄糖衣，
  或是用兩倍的糖來製作厚糖衣。

- 裹上糖衣後，可將烹煮溫度稍微提高，形成焦糖味。
- 可包覆其他的堅果或添加香氣（取代食用色素）：
  像是橙花水、香料等。

4 • 將115°C的糖漿倒入杏仁中，用刮刀攪拌，形成砂礫狀，並讓糖形成結晶。

5 • 在碗中將200克的糖漿和食用色素混合。

6 • 以中火加熱銅鍋，煮至略為上色。一邊攪拌，一邊緩緩加入紅色糖漿。若想要更厚的糖衣，可再重複同樣的步驟。

7 • 將玫瑰果仁糖倒在烤盤紙上，在室溫下放涼。用網篩篩去外層多餘的結晶糖。

Pâte de duja

堅果醬

500克

準備時間
15分鐘

烹調時間
15分鐘

保存時間
以保鮮膜包好，冷藏2星期

器具
食物調理機

材料
榛果（或其他去皮堅果）250克
純糖粉（不含澱粉）250克

TRUCS ET ASTUCES DE CHEFS
主廚的技巧與訣竅

為了製作占度亞醬（gianduja）（巧克力糖的內餡），
只要在這堅果醬中加入可可成分30%的覆蓋牛奶巧克力即可。

1. 將榛果鋪在不沾烤盤上，入烤箱以150℃（溫控器5）烤15分鐘，烤至中間部分熟透。放涼。

2. 加入純糖粉，拌勻。

3. 將備料放入電動攪拌機中攪打，直到形成滑順的堅果醬。

547

Praliné au caramel à sec
焦糖法帕林內

500克

準備時間
30分鐘

烹調時間
15分鐘

保存時間
以保鮮膜包好，以密閉的密封
罐保存2星期

器具
食物調理機

材料
榛果125克
杏仁125克
糖250克

1. 將堅果鋪在不沾烤盤上，入烤箱以150℃（溫控器5）烤15
分鐘，烤至中間部分熟透。放涼。

4. 將焦糖堅果約略剝碎。

2 • 在平底深鍋中乾煮糖（不加水），直到形成焦糖。在焦糖中加入烘焙好的堅果，用刮刀混合，讓堅果被焦糖包覆。

3 • 整個倒在不沾烤盤或烤盤墊上。放涼至硬化。

5 • 用電動攪拌機攪打至形成滑順的膏狀。

Praliné par sablage
砂礫法帕林內

500克

準備時間
40分鐘

烹調時間
15分鐘

保存時間
以保鮮膜包起，保存於密封罐
2星期

器具
銅鍋
溫度計
食物調理機

材料
糖250克
水100克
杏仁125克
榛果125克

1• 在銅鍋中將糖煮至117°C（軟球階段，見520頁技巧）。

TRUCS ET ASTUCES DE CHEFS
主廚的技巧與訣竅

·千萬注意不要過度烘焙和過度焦糖化，因為這會產生苦味，
讓帕林內變得不那麼可口。

·為了增添風味，你可在形成砂礫狀時加入半根香草莢
並和帕林內一起打碎。

·你也能在攪打帕林內的前一刻加入檸檬皮。

4• 將堅果切成兩半，檢查內部的品質是否炒透。整個倒入不
沾烤盤或烤盤墊上。

2 • 加入未烘烤的堅果，用刮刀混合。糖會變得不透明，而且開始形成砂礫狀。

3 • 隨著烹煮的進行，糖的結晶將會黏在堅果周圍，糖會開始焦糖化，同時對堅果進行加熱。

5 • 冷卻後，將焦糖堅果約略敲碎。

6 • 以食物料理機攪打至形成滑順的膏狀。

Confiture de framboises
覆盆子果醬

3罐500克的果醬

準備時間
45分鐘

烹調時間
依溫度而定

保存時間
室溫保存3個月

器具
不鏽鋼或鍍錫銅鍋
溫度計
漏勺
500克的玻璃罐3個

材料
新鮮覆盆子1公斤
結晶糖600克
蜂蜜100克
NH果膠6克
砂糖100克
檸檬汁10克

1. 清洗覆盆子並瀝乾。小心將覆盆子擦乾。在銅鍋中混合覆盆子、結晶糖和蜂蜜。

TRUCS ET ASTUCES DE CHEFS
主廚的技巧與訣竅

· 製作此果醬，水果用量不會超過1公斤。

· 這溫熱的果醬可作為多層蛋糕的餡料和裝飾，或是用來製作旅行蛋糕。

· NH 果膠可在烘焙材料行或是網路商店購得。關於膠化劑和食品定型劑的使用亦可諮詢 Louis François 機構。

3. 仔細撈去浮沫，繼續煮至104℃。加熱完成時加入檸檬汁。

2 • 混合所有材料並煮至80℃左右，混入預先混合好砂糖的
果膠。

4 • 將熱果醬倒入潔淨的罐子裡，密閉後倒扣至完全冷卻。

Confiture de fraises
草莓果醬

3罐500克的果醬

準備時間
45分鐘

烹調時間
依溫度而定

保存時間
室溫保存3個月

器具
不鏽鋼或鍍錫銅鍋
溫度計
漏勺
500克的玻璃罐3個

材料
草莓1公斤
結晶糖600克
水300克
NH果膠6克
砂糖100克
檸檬汁10克

1・ 清洗草莓並瀝乾。小心將草莓擦乾並去蒂。將較大顆的草莓切半，小顆的可直接使用。

TRUCS ET ASTUCES DE CHEFS
主廚的技巧與訣竅

・製作此果醬，水果用量不會超過1公斤。

・事先混合糖和果膠，並在煮沸前混入。

3・ 再度加熱所有材料，加入預先混入砂糖的果膠。繼續煮至104℃。加熱完成時加入檸檬汁。

為了獲得更多靈感，你可參考 518 頁的搭配表。

2 • 在銅鍋中混合結晶糖和水，煮至120℃，將草莓浸泡在糖漿
中。仔細撈去浮沫。

4 • 將熱果醬倒入潔淨的罐子裡，密閉後倒扣至完全冷卻。

CONFITURE D'ANANAS À LA VANILLE ET AU RHUM

蘭姆香草鳳梨果醬

de Christine Ferber 克莉絲汀‧法珀

Chef Pâtissier de l'année 1998
1998 年甜點主廚

———— 第1日

削去鳳梨的厚皮。將鳳梨縱切成4塊，去掉鳳梨芯的木質部分，接著將鳳梨塊再切成薄片。將鳳梨片、糖、剖半的香草莢和檸檬汁倒入果醬鍋中。煮至微滾，一邊輕輕混合，接著全部倒入大碗中。蓋上烤盤紙，冷藏保存一個晚上。

———— 第2日

隔天，將大碗中的材料倒入果醬鍋中。煮沸，一邊輕輕攪拌。繼續以大火煮約10分鐘，持續攪拌。仔細撈去浮沫。加入蘭姆酒。再煮沸5分鐘，一邊輕輕攪拌。檢查果醬的濃稠度，將幾滴果醬滴在小碟子上：必須略為膠化。移去香草莢，將香草莢擺在罐中，可作為裝飾。將果醬鍋離火。立刻將果醬分倒入罐中，密閉後倒扣至完全冷卻。

6至7罐220克的果醬

準備時間
20分鐘

冷藏時間
1個晚上

器具
果醬鍋
（Bassine à confiture）
漏勺
罐子

材料
鳳梨2.5公斤
（即淨重1公斤）
結晶糖900克
香草莢1根
小顆檸檬汁1/2顆
蘭姆酒150毫升

TRUCS ET ASTUCES DE CHEFS
主廚的技巧與訣竅

可加入薑、胡椒和香料麵包用香料
（épices à pain d'épice）來製作更具香料風味的果醬，
並可搭配如烤家禽肉等料理來品嚐。
在本食譜中，酒的添加讓果醬保存得更好。

Confiture d'oranges
柳橙果醬

400克的果醬3罐

準備時間
45分鐘

烹調時間
依溫度而定

保存時間
室溫3個月

器具
不鏽鋼或鍍錫銅鍋
溫度計
漏勺
400克的玻璃罐3個

材料
多汁的新鮮柳橙750克
（Valencia品種）
結晶糖300克
水90克
NH果膠8克
砂糖100克
百花蜜（miel toutes fleurs）
120克
檸檬汁10克

1• 清洗柳橙並瀝乾。仔細擦乾，將兩端切掉（不保留），將水果連皮一起切碎。

TRUCS ET ASTUCES DE CHEFS
主廚的技巧與訣竅

·製作此果醬，水果用量不會超過 750 克。

·為減少水果的酸澀味，請用沸水燙煮整顆柳橙 3 次，
而且每次都放入冰水中冷卻。

4• 加熱結束後，加入檸檬汁。

想要更多靈感，可參考 518 頁的搭配表。

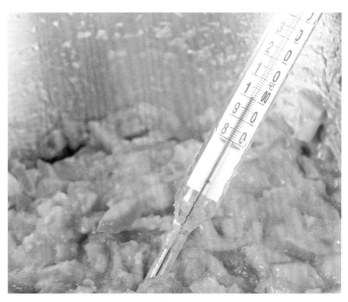

2・在銅鍋中將結晶糖和水煮成糖漿。煮至150℃時，將切碎的柳橙泡入熟糖中。仔細撈去浮沫，去掉浮至表面的籽。

3・再度加熱所有材料，加入預先混入砂糖中的果膠，接著是蜂蜜。繼續煮至104℃。

5・將果醬倒入潔淨的罐中，封好並倒扣至完全冷卻。

Confiture d'abricots
杏桃果醬

500克的果醬3罐

準備時間
45分鐘

烹調時間
依溫度而定

保存時間
室溫3個月

器具
不鏽鋼或鍍錫銅鍋
溫度計
漏勺
500克的玻璃罐3個

材料
新鮮杏桃1公斤
結晶糖600克
水300克
香草莢1根
NH果膠5克
砂糖100克
檸檬汁10克

1. 清洗杏桃並瀝乾。小心地擦乾並去核。將較大的杏桃果瓣切半,小瓣的可直接使用。

TRUCS ET ASTUCES DE CHEFS
主廚的技巧與訣竅

製作此果醬,水果用量不會超過1公斤。

3. 再次加熱全部材料,加入預先混入砂糖的果膠。繼續煮至105-106℃。加熱結束時加入檸檬汁。

2 • 在銅鍋中混合結晶糖和水。以120℃加熱，將杏桃和香草莢中的籽泡入熟糖中，仔細撈去浮沫。

4 • 將果醬倒入潔淨的瓶罐中，將瓶蓋蓋緊後倒扣至完全冷卻。

CONFITURE DE POMMES AU CARAMEL

焦糖蘋果醬

de Christine Ferber 克莉絲汀·法珀

Chef pâtissier de l'année 1998
1998 年甜點主廚

──────── 第1日

將蘋果削皮、去梗、切半，挖去果核，並切成細條狀。在大碗中混合蘋果條、850克的糖和檸檬汁，蓋上烤盤紙，浸漬1小時。在果醬鍋中，慢慢放入剩餘250克的糖，一邊以木匙攪拌，乾煮至融化，直到形成金黃焦糖色。接著將熱水倒入焦糖中稀釋。再度煮沸。將蘋果等備料倒入焦糖中，煮至微滾，一邊輕輕攪拌。將這烹煮湯料倒入大碗中，蓋上烤盤紙，冷藏保存1個晚上。

──────── 第2日

隔天，將大碗中的材料倒入果醬鍋中。煮沸，一邊輕輕攪拌。繼續以大火煮5至10分鐘，持續攪拌。仔細撈去浮沫。檢查果醬的濃稠度，將幾滴果醬滴在小碟子上：必須略為膠化。將果醬鍋離火。立刻將果醬倒入罐中，密封倒扣至完全冷卻。

220克的果醬8至9罐

準備時間
15分鐘

浸漬時間
1小時

冷藏時間
1個晚上

器具
果醬盆
（Bassine à confiture）
漏勺
罐子

材料
蘋果1.2公斤
（即淨重1公分）
結晶糖1.1公斤
小顆的檸檬汁1/2顆
熱水250毫升

TRUCS ET ASTUCES DE CHEFS
主廚的技巧與訣竅

搭配以肉桂調味的打發的法式酸奶油（crème fraîche battue）以及核桃酥餅會更加美味。

CHOCOLAT

巧克力

567 Introduction 引言

570 Chocolat 巧克力

570 Mise au point du chocolat au bain-marie 隔水加熱巧克力調溫法

572 Mise au point du chocolat par tablage 大理石巧克力調溫法

574 Moulage de demi-œuf en chocolat 半球巧克力塑型

576 Moulage tablette au chocolat 模塑巧克力磚

578 Rochers 岩石巧克力球

580 Palets or 金箔巧克力

582 Truffes 松露巧克力

584 Pralinés feuilletines 千層帕林內果仁糖

586 Giandujas 占度亞榛果巧克力

Chocolat 巧克力

巧克力的加工需要精準，以及對可可脂凝固現象的確切瞭解，才能獲得既美觀又美味的成果。

什麼是「覆蓋 COUVERTURE」巧克力？
—

這是一種富含可可脂beurre de cacao（31至42%）的巧克力，這讓它更容易融化、更具流動性，因而可在冷卻時形成更細緻的質地。經調溫的巧克力會用於塑型、巧克力磚和糖果的糖衣…。

什麼是調溫巧克力？
—

這是使用巧克力的重要階段，經調溫後的巧克力可讓巧克力所含的可可脂更穩定，因而形成理想的光澤和脆口感。若巧克力不經過調溫，就會失去光澤，甚至泛白、稠厚、容易斷裂，而且不易保存。為了製作巧克力糖和塑型，調溫是必須掌握的一門技術。

調溫的階段有哪些？
—

首先必須讓巧克力融化，接著讓巧克力再降至特定的溫度，讓可可脂開始凝固，之後再讓溫度稍微升高，讓可可脂再度具有流動性，便可進行加工。硬化時，巧克力會保有光澤和脆口感。因此必須瞭解不同巧克力的調溫溫度：遵循黑巧克力、牛奶巧克力和白巧克力不同的溫度曲線（見568頁）。

適當的大小
—

為了讓調溫有個好的開始，巧克力的融化必須均勻：為此，準備要融化的巧克力塊必須是一樣的大小。務必將你的磚形巧克力切成同樣大小的塊狀。你也可使用小型、鈕扣狀等以各種名稱銷售的覆蓋巧克力，包括，噴霧用、巧克力豆、巧克力球…等名稱。

正確的隔水加熱法
—

為了讓巧克力可以適當地融化，容器必須擺在微滾的水上，而不能和水直接接觸。

攪拌，但不要過度
—

儘管在巧克力融化時應攪拌讓巧克力均勻，但不應混入空氣：不需使用打蛋器，而是要使用刮刀。

那比例呢？
—

少量的巧克力很難進行融化和調溫的動作，因為質量在整體溫度的調整上扮演著很重要的作用。因此，即使食譜不符合你的需求，也避免對配方進行減量，以免導致預期以外的結果。即使你不會用到所有的調溫巧克力，要知道它們會再度硬化，而且可用於其他的食譜中，而不會損害到品質或口感。

TEMPÉRATURES DE TRAVAIL DES CHOCOLATS 巧克力調溫的溫度

巧克力的種類	融化溫度	預先凝固溫度	調溫溫度
Chocolat noir 黑巧克力	50-55 °C	28-29 °C	31-32 °C
Chocolat au lait 牛奶巧克力	45-50 °C	27-28 °C	29-30 °C
Chocolat blanc ou de couleur 白巧克力或其他巧克力	45 °C	26-27 °C	28-29 °C

請注意，白巧克力和牛奶巧克力很容易燒焦。

調溫完成後可蘸取一點巧克力觀察凝固後是否具光澤，來判定調溫是否成功。

缺乏光澤調溫失敗的巧克力最好是重新進行調溫。

COURBES DE TEMPÉRAGE 調溫曲線

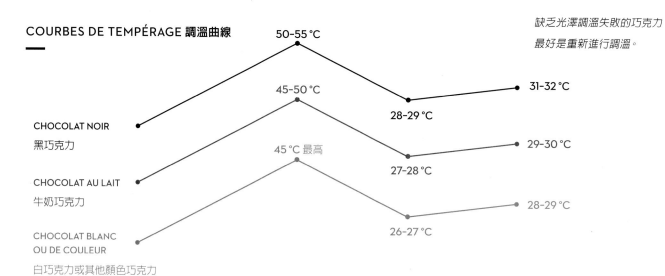

CHOCOLAT NOIR
黑巧克力

CHOCOLAT AU LAIT
牛奶巧克力

CHOCOLAT BLANC
OU DE COULEUR
白巧克力或其他顏色巧克力

巧克力調溫的方法原則有哪些？

除了大理石調溫法（最常見的方法，見572頁技巧）和隔水加熱法（見570頁技巧）以外，我們也能使用以下方法：

-種子法（ensemencement）：將2/3的巧克力加熱至45℃，讓巧克力融化，再加入剩餘1/3切成小塊的巧克力，攪拌至完全融化。待降至低溫後再加熱至32℃；

-可可脂粉（Mycryo）的添加：將巧克力加熱至35℃融化，接著加入1%的Mycryo可可脂粉。在32℃時使用。這種方法很快速，但不適用於大量的巧克力。

調溫巧克力	凝固失敗或調溫不完全的巧克力
帶有光澤	缺乏光澤
堅硬	手一觸碰就快速融化
容易脫模，因為會在冷卻時收縮	難以脫模
強烈的香氣	褪色而呈現灰白色
入口時令人愉悅的融化感	顆粒狀結構
保存良好	保存期限短
可直接折斷	很快變為灰白色

失敗排除：巧克力塑型時常見的問題

覆蓋巧克力在加工時變濃稠。	
原因	巧克力的大量凝結（冷卻）。
補救方法	加入一些熱的覆蓋巧克力，或是提供熱源。
巧克力缺乏光澤。	
原因	覆蓋巧克力調溫失敗。場所和／冰箱過冷。 模型或塑膠紙髒污。
補救方法	調溫溫度應介於19至23℃，並以8至12℃的溫度冷藏。 模型或塑膠紙必須非常潔淨：請以棉布擦拭。
巧克力脫模時變得不規則且斷裂。	
原因	冷的覆蓋巧克力在溫熱或過冷的模型中。
補救方法	遵照調溫曲線。模型必須潔淨：請以棉布擦拭。模型必須溫熱（22℃）。
巧克力脫模且變白（顏色黯淡且收縮不佳）。	
原因	冷的覆蓋巧克力在冷的模型中。
補救方法	遵照調溫曲線。控制溫度。 模型必須溫熱（22℃）。
巧克力無法脫模。覆蓋巧克力黏在模型中並形成大理石花紋。	
原因	冷的覆蓋巧克力在熱的模型中。調溫失敗。
補救方法	冷的覆蓋巧克力在溫的模型中。
巧克力有裂紋並碎裂。	
原因	溫度下降過快。
補救方法	待工作檯上的巧克力凝固後，再以8至12℃的溫度冷藏。
巧克力變白。	
原因	將熱的覆蓋巧克力置於過冷的冰箱中。潮濕（冷凝）。調溫不佳。
補救方法	遵照調溫曲線。控制溫度。 冷藏溫度必須介於8至12℃之間。
巧克力有痕跡。	
原因	模型髒污且未經良好擦拭（缺乏光澤）。
補救方法	用棉布和90℃的酒精為你的模型去油。用乾棉布來擦拭模型。

良好保存：讓巧克力保持新鮮

巧克力應以不透光的密封罐保存在免於潮濕的乾燥處。由於含有可可脂，巧克力具有吸收氣味的能力，因而必須經過適當的包裝。巧克力也對水分和光線很敏感，這會對它的保存和酥脆的質地造成影響。

Mise au point du chocolat au bain-marie
隔水加熱巧克力調溫法

準備時間
25分鐘

材料
黑、牛奶和白覆蓋巧克力

器具
溫度計

1. 在隔水加熱盆中放入切塊的巧克力，加熱至50℃讓黑巧克力融化，45℃讓牛奶或白巧克力融化。

2. 在巧克力融化時，將鋼盆擺在另一個裝滿冰塊和水的鋼盆中。攪拌至巧克力降溫。

3. 當黑巧克力達28-29℃，牛奶巧克力達27-28℃，白巧克力達26-27℃時，再度將鋼盆隔水加熱，讓溫度升高（分別達31-32℃、29-30℃，以及28-29℃）。

Mise au point du chocolat par tablage
大理石巧克力調溫法

準備時間
25分鐘

器具
溫度計
彎型抹刀
三角刮刀

材料
黑、牛奶和白覆蓋巧克力

1. 在隔水加熱鍋中放入切塊的巧克力，黑巧克力加熱至50℃，牛奶或白巧克力加熱至45℃，讓巧克力融化。在巧克力融化時，將2/3的巧克力倒在大理石板上降溫。

2. 用彎型抹刀和三角刮刀將巧克力從外向內帶。

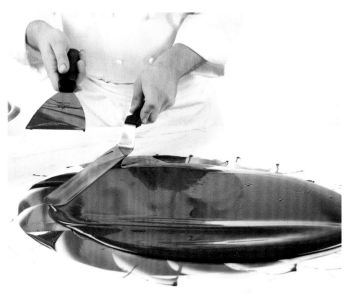

3. 接著再度鋪開。重複同樣的步驟來降溫。

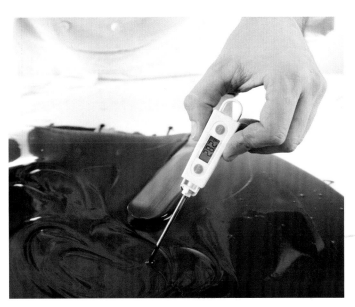

4. 在黑巧克力的溫度達28-29℃，牛奶巧克力達27-28℃，白巧克力26-27℃時，應再將溫度升高。

5. 再慢慢將融化的巧克力放回鋼盆，和剩餘的熱巧克力一起加熱至黑巧克力達31-32℃，牛奶巧克力達29-30℃，白巧克力28-29℃。

Moulage de demi-œuf en chocolat
半球巧克力塑型

準備時間
10分鐘

凝固時間
20分鐘

回縮時間
20分鐘

保存時間
妥善包裝好後保存在避開光
照、氣味和熱度的地方1至
2個月

器具
溫度計
半球形巧克力模
刮刀

材料
調溫後的黑、牛奶和白覆蓋
巧克力
（見570和572頁技巧）

1. 將調溫巧克力倒入模型的孔洞中。依想要的巧克力厚度而
   定，你可事先用糕點刷刷上薄薄一層巧克力，或是重複步
   驟1至3兩次。

TRUCS ET ASTUCES DE CHEFS
主廚的技巧與訣竅

·在為巧克力進行塑型之前，應確認模型的狀況。
有刮痕或髒污的模型會讓巧克力無法良好收縮。
因此，請使用吸水棉布和牙籤將細部清潔乾淨。

·務必要讓模型回到常溫後再脫模。

4. 用刮刀刮過模型表面，以形成潔淨的邊。

2 • 填至與邊齊平，用模型輕敲桌面，以避免形成氣泡。

3 • 將模型倒過來，以去除多餘的巧克力。

5 • 讓巧克力在倒扣的模型中凝固約5分鐘。用刮刀或水果刀將多餘的巧克力刮乾淨，讓模型的邊緣保持潔淨（修整）。

6 • 理想上應讓巧克力在18℃下收縮，或是置於冰箱上層20分鐘。脫模時，你會看到模型和巧克力殼之間有空隙。輕輕將模型倒扣脫模。

Moulage tablette au chocolat
模塑巧克力磚

準備時間
15分鐘

烹調時間
15分鐘

凝固時間
20分鐘

回縮時間
30分鐘

保存時間
妥善包裝好後保存在避開光
照、氣味和熱度的地方1至
2個月

器具
溫度計
擠花袋
巧克力磚模（Moule à tablette
au chocolat）

材料
調溫黑、牛奶和白覆蓋巧克力
（見570和572頁技巧）
堅果（榛果、杏仁…）

1. 將堅果攤開在鋪有烤盤紙的烤盤上。以150℃（溫控器5）
烤約10分鐘。將調溫巧克力填入擠花袋（無擠花嘴）。填至
巧克力磚模中至與邊齊平。

2. 用模型輕敲桌面，以避免形成氣泡。

3. 將冷卻的烘焙堅果擺在還沒完全凝固的巧克力上。

4. 讓巧克力凝固後再倒扣脫模。

Rochers
岩石巧克力球

40顆

準備時間
45分鐘

凝固時間
2小時

冷藏時間
1小時20分鐘

保存時間
以密閉密封罐保存1個月

器具
溫度計
巧克力叉
（Fourchette à tremper）

材料
杏仁角75克
砂糖10克
可可成分58%的覆蓋黑巧克力
60克
帕林內（praliné）180克

糖衣（ENROBAGE）
可可成分58%的覆蓋黑巧克力
150克

1. 在平底深鍋中，以中火將杏仁角和糖煮至形成焦糖。倒在烤盤紙上放涼。

4. 將巧克力搓成150克的條狀（約20公分長），再用刀切成8至10克的小塊（約厚1.5公分）。用手揉成球狀。冷藏保存20分鐘。

5. 為覆蓋巧克力進行調溫，以製作糖衣（見570和572頁技巧），並加入冷卻的焦糖杏仁角。

2. 將巧克力隔水加熱至30℃，讓巧克力融化，接著混入帕林內中。倒入烤盤，貼上保鮮膜，讓巧克力冷藏凝固（硬化）約1小時。

3. 一旦凝固後，用手搓揉巧克力的混合物。揉至形成平滑且均勻的團塊。

6. 用手或用叉子為巧克力球裹上糖衣。擺在烤盤紙上，讓巧克力球凝固約2小時。

Palets or
金箔巧克力

10克的巧克力30顆

準備時間
45分鐘

凝固時間
2小時

保存時間
以密閉密封罐保存2星期

器具
擠花袋+直徑12公釐的平口擠
花嘴
透明紙（Feuille Rhodoïd）
溫度計
巧克力叉
（Fourchette à tremper）

材料

甘那許（GANACHE）
香草莢1根
脂肪含量35%的液狀鮮奶油
100克
蜂蜜10克
可可成分58%的覆蓋黑巧克力
90克
可可成分50%的黑巧克力
100克
奶油40克

糖衣（ENROBAGE）
可可成分58%的覆蓋黑巧克力
300克

最後修飾
金箔

用途
單顆的巧克力糖

1. 在平底深鍋中，將剖半並刮出籽的香草莢與籽浸泡在鮮奶油和蜂蜜中至少30分鐘。

4. 在烤盤紙上，用擠花袋擠出一球一球的巧克力。

5. 蓋上透明紙，用烤盤稍微壓扁。放涼約1小時。

請注意，此甘那許非常脆弱，容易斷裂，務必不要過度攪拌。

2 • 倒入預先以35°C加熱融化的覆蓋巧克力和黑巧克力中。攪拌形成甘那許。

3 • 降溫至30°C時加入切成小丁的奶油。充分攪拌至形成平滑質地。

6 • 在甘那許凝固後，用調溫的覆蓋巧克力為甘那許裹上糖衣（見570和572頁技巧）。

7 • 讓巧克力凝固1小時後，在表面加上金箔。

Truffes
松露巧克力

30個

準備時間
45分鐘

凝固時間
2小時

保存時間
在密閉罐中保存2星期

器具
打蛋器
溫度計
巧克力叉
網篩

材料

甘那許（GANACHE）
香草莢1/2根
脂肪含量35%的液狀鮮奶油
100克
蜂蜜8克
可可成分70%的覆蓋黑巧克力
100克
膏狀奶油35克
可可粉75克

糖衣（ENROBAGE）
可可成分58%的覆蓋黑巧克力
100克

1. 在平底深鍋中，讓剖半並刮出的香草莢與籽浸泡在鮮奶油中。加入蜂蜜，煮沸。

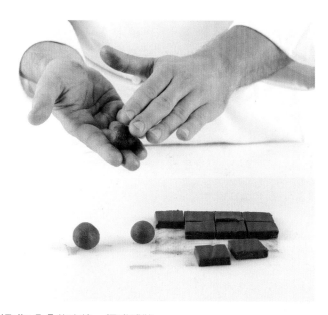

4. 切成3公分的方塊，揉成球狀。

5. 用巧克力叉或你的手，將巧克力球浸入調溫巧克力（見570和572頁技巧）中，為巧克力球裹上糖衣。

TRUCS ET ASTUCES DE CHEFS 主廚的技巧與訣竅

沾裹第一層巧克力並讓巧克力凝固。

繼續按指示沾裹第二層可可粉。

2. 將這鮮奶油倒入切碎的巧克力中。輕輕混合至形成平滑的甘那許。

3. 降溫至30℃時混入膏狀奶油。倒入烤盤，讓巧克力凝固1小時。

6. 將松露巧克力放入可可粉中，用巧克力叉為巧克力裹上可可粉。讓巧克力凝固1小時後，用網篩篩去多餘的可可粉。

Pralinés feuilletines
千層帕林內果仁糖

30個

準備時間
1小時

凝固時間
1小時

保存時間
在最高不超過17°C的密閉密封
罐中保存2星期

器具
溫度計
邊長26公分高1公分的方形蛋
糕框
巧克力叉

材料
可可脂25克
覆蓋牛奶巧克力25克
帕林內 (praliné) 250克
脆片 (feuilletines)* 50克

糖衣 (ENROBAGE)
可可成分58%的覆蓋黑巧克力
300克

*脆片 (Feuilletine)：是一種把可麗
餅麵糊形成薄薄一層，烘烤之後弄碎
的脆片。台灣最常見的是法國cacao
barry品牌，於是常被稱為「巴瑞
脆片」。

1. 在平底深鍋中，以小火將可可脂和牛奶巧克力加熱至融
化。離火後加入帕林內和脆片。

4. 在果仁糖冷卻時脫模，切成想要的形狀和大小。

5. 為果仁糖裹上調溫的巧克力 (見570和572頁技巧) 糖衣。

為了形成整齊的切邊，勿等待過長時間才進行裁切。

2• 用橡皮刮刀輕輕混合，直到混合物達20℃。

3• 將方形蛋糕框擺在鋪有烤盤紙的烤盤上，將混合物倒入方
形蛋糕框中。

6• 擺在烤盤上。用巧克力叉在表面劃出圖案。讓帕林內果仁
糖凝固約1小時。

Giandujas
占度亞榛果巧克力

30個

準備時間
45分鐘

冷藏時間
1小時

凝固時間
1小時

保存時間
在密閉罐中冷藏2星期

器具
溫度計
擠花袋＋直徑8公釐的
星形擠花嘴
透明紙

材料
占度亞（gianduja）250克
整顆烘烤榛果30克

巧克力基底
可可成分58%的覆蓋黑巧克力
150克

1. 將占度亞隔水加熱至45℃，讓占度亞融化。

4. 用整顆榛果進行裝飾，冷藏保存約1小時。

5. 用無擠花嘴的擠花袋在透明紙上擠出一小塊比占度亞略小的調溫覆蓋黑巧克力。

2．讓占度亞冷卻至形成如膏狀奶油般的柔軟度。

3．填入擠花袋中，在透明紙上擠出直徑約3公分的花形。

6．將占度亞巧克力擺在調溫巧克力上，略微按壓，讓巧克力凝固約1小時後再將透明紙剝離。

DÉCORS

装飾

591   Introduction 引言

592   Décors 裝飾

592   Cigarettes en chocolat 巧克力雪茄
593   Éventails en chocolat 扇形巧克力
594   Copeaux en chocolat 巧克力刨花
596   Feuille de transfert chocolat 巧克力轉印紙
598   Cornet 圓錐形紙袋
601   Décors en pâte d'amandes 杏仁膏裝飾
606   Opalines 糖脆片

LES DÉCORS

裝飾

人們在吃東西時也會在意視覺上的感受，裝飾更是糕點中不可或缺的部分，可以讓糕點變得更令人食指大動。在裝飾蛋糕、塔派、花式小糕點或旅行蛋糕時使用的技術原則如下。

歷史上的圓錐形紙袋

波爾多的糕點師羅沙（Lorsa），於 1805 年是第一位使用圓錐形紙袋來裝飾糕點的人。

材料或備料	用途
Sucre glace 糖粉	撒、杏仁酥派的表面光澤（glaçage des pithiviers）、舒芙蕾...。
Crème au beurre 奶油霜	擠花袋裝飾、花邊、圖案、花...（見202頁食譜）。
Fondant 翻糖	鏡面、圓錐紙袋裝飾（見598頁技巧）。
Pâte d'amandes 杏仁膏	緞帶、蛋糕糖衣；花朵、水果、動物等塑型（見601頁技巧）
Pâte à glacer 鏡面淋醬	鏡面。
Ganache 甘那許	鏡面；蛋糕、糖果等餡料，以及裝飾。
Nappage 果膠	為多層蛋糕、迷你塔、芭芭、薩瓦蘭增加光澤。亦可用於為千層派和其他糕點維持翻糖的光澤度。
Chocolat de couverture 覆蓋巧克力	內含巧克力或帕林內的糖衣、雪茄、刨花、扇形、裁切、模塑、輪廓、巧克力米、圓錐紙袋裝飾。
Gianduja 占度亞醬	圓錐紙袋裝飾、模塑或裁切圖案。
Glace royale 皇家糖霜	圓錐紙袋裝飾、預先製作的花樣和花朵。仿製品的鏡面，可染色。
Fruits confits 糖漬水果	畢加羅心形甜櫻桃（Bigarreaux）、洋當歸（angélique）；柳橙、鳳梨、洋梨、柑橘水果...。
Nougatine 奴軋汀	用於泡芙塔的裁切或模塑花樣、圓錐紙袋裝飾...。
Meringue italienne 義式蛋白霜	蛋糕或塔的鋪面、以裝有擠花嘴的擠花袋製作的花樣，接著再以熱烤箱烤至上色（見232頁食譜）。
Pâte à choux 泡芙麵糊	以擠花袋製作的花樣，烤好後擺在糕點上作為裝飾素材（例如：聖多諾黑）（見162頁食譜）。
Amandes, noisettes, noix et autres oléagineux 杏仁、榛果、核桃與其他堅果	整顆、焦糖化、片狀、條狀、磨碎...。
Sucre tiré 拉糖	花、葉、緞帶、籃子...。
Caramel 焦糖	線、鳥籠、單顆糖果...。
Opaline 糖脆片	依模版而定的花樣（見606頁技巧）。

Cigarettes en chocolat
巧克力雪茄

20至30個

準備時間
10分鐘

保存時間
以密閉的密封罐於不超過
20℃處保存2星期

器具
彎型抹刀
三角形小刮刀
三角形大刮刀

材料
調溫巧克力300克
（見570和572頁技巧）

1. 將巧克力倒在大理石板上。用彎型抹刀鋪成薄薄一層2至3
公釐厚的巧克力。讓巧克力稍微凝固。

2. 用三角形小刮刀整邊，形成漂亮的長方形巧克力。

3. 用大刮刀將巧克力刮起，形成巧克力捲。

Éventails en chocolat
扇形巧克力

20至30個

準備時間
10分鐘

保存時間
以密閉的密封罐於不超過
20°C處保存2星期

器具
彎型抹刀
三角刮刀

材料
調溫巧克力300克
（見570和572頁技巧）

1. 在大理石板上，將巧克力鋪成薄薄一層2至3公釐的厚度，讓巧克力稍微凝固。用小三角刮刀刮側邊，讓巧克力形成漂亮的長方形。

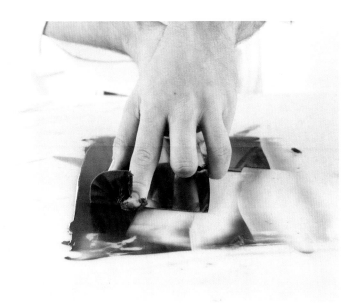

2. 按壓刮刀單側角落上方，並往前將巧克力推起，形成扇形。再次重複同樣的步驟。

Copeaux en chocolat
巧克力刨花

準備時間
15分鐘

保存時間
以密閉的密封罐在不超過
20℃處保存2星期

器具
彎型抹刀
大刀子

用途
多層蛋糕或小糕點裝飾

材料
調溫巧克力
（見570和572頁技巧）

1. 將調溫巧克力倒在大理石板上。

2．用彎型抹刀將巧克力鋪成厚2至3公釐的薄薄一層，讓巧克力稍微凝固。

3．用刀尖劃出斜帶狀。

4．用刀子的側面快速將巧克力從下向上刮。

5．依力道和速度而定，會形成不同大小的刨花。

Feuille de transfert chocolat
巧克力轉印紙

1張

準備時間
15分鐘

保存時間
以密閉的密封罐在不超過
20°C處保存2星期

器具
自行選擇的30公分×40公分
轉印紙1張
彎型抹刀

材料
調溫巧克力100克
（見570和572頁技巧）

1． 將轉印紙擺在工作檯上。將調溫巧克力倒在上面。

4． 用尺和刀或壓模，劃出想要的形狀。

2．用彎型抹刀將巧克力鋪成2至3公釐厚的薄薄一層。

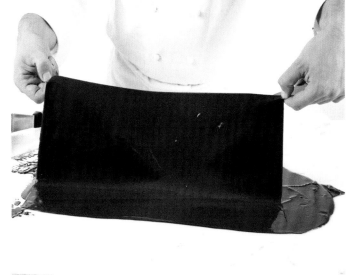

3．將鋪有巧克力的轉印紙拉起，擺在潔淨的表面，讓巧克力凝固。

5．翻面，將轉印紙輕輕剝離。

6．裁成你想要的形狀。

Cornet
圓錐形紙袋

1個

準備時間
5分鐘

器具
烤盤紙

材料
調溫巧克力
（見570和572頁技巧）

1. 將長方形的烤盤紙從對角線切半，形成2個三角形。

4. 將突出的部分向內折。

5. 加強折痕。

TRUCS ET ASTUCES DE CHEFS 主廚的技巧與訣竅

你可在圓錐形紙袋中填入麵包抹醬（見 522 頁食譜）。

2．抓著較長邊的中央，將其中一邊的尖角向下折起，開始製作圓錐形紙袋。

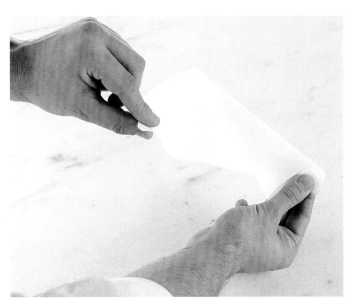

3．將另一邊的尖角折起，同時務必讓圓錐形紙袋保持密合。

6．在圓錐形紙袋填入約1/3的調溫巧克力。

7．抓著紙袋的上緣，朝對角線折起。

Cornet (suite)

圓錐形紙袋（接續前頁）

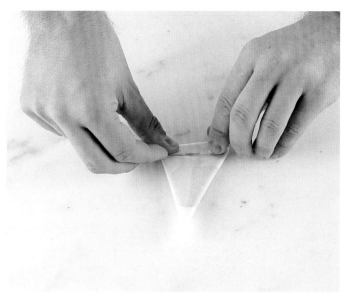

8. 將紙袋翻過來，向上捲至裝填巧克力處。

9. 圓錐形紙袋已經完成，可供使用。依想要的線條粗細，將尖端剪開。

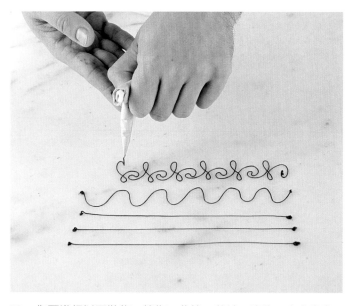

10. 你可進行以下裝飾：線條、曲線、花紋、邊飾、文字書寫…

Décors en pâte d'amandes
杏仁膏裝飾

1朵玫瑰、1個花苞和5片葉子

準備時間
5分鐘

保存時間
1星期

器具
塑膠紙（Feuille plastique）或
透明紙

材料
杏仁膏60克

1. 將杏仁膏搓成直徑2公分的條狀，切成厚0.5公分的小塊。

2. 將小塊的杏仁膏擺在2張塑膠紙之間。

3. 用掌心和手指按壓，將杏仁膏壓平。這些小片的杏仁膏可用來製作玫瑰花瓣。

Décors en pâte d'amandes (suite)
杏仁膏裝飾（接續前頁）

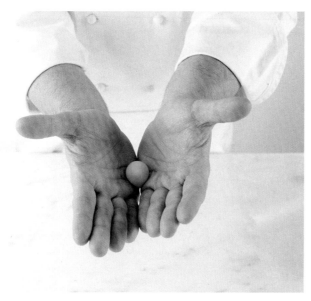

4．搓出直徑約2公分的杏仁膏球，作為花芯。

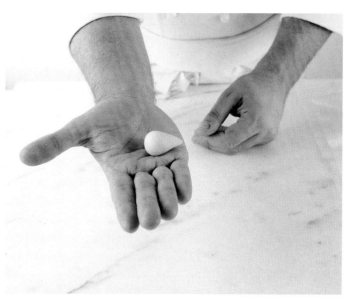

5．用掌心將杏仁膏球搓成水滴狀。

8．放上第2片花瓣，進行同樣的動作。

9．立刻將花瓣的上緣稍微捲起。

6．在側邊放上一片圓形的杏仁膏片，形成第一片花瓣。

7．將花瓣完全折起。

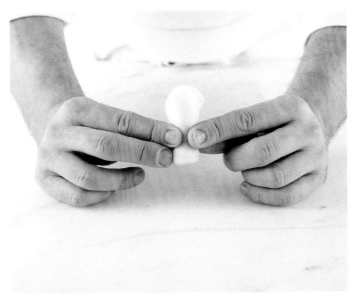

10．仔細調整花瓣上緣，將多餘的杏仁膏擠至下方，形成花朵的輪廓。

11．一直捏至形成漂亮的玫瑰時便停手。

Décors en pâte d'amandes (suite)
杏仁膏裝飾（接續前頁）

12。 將下面形成的多餘杏仁膏切下。

13。 搓出更小顆，即直徑約1公分的杏仁膏球。

14。 用掌心和手指按壓，將杏仁膏壓平。用刀尖劃出紋理，形成葉片。

15。 小心地將葉片取出，接著以勻稱的方式和花朵組合。

Opalines
糖脆片

4至6人份

準備時間
30分鐘

烹調時間
8至10分鐘

保存時間
在密閉罐中保存2至3日

器具
糖漿溫度計
烤盤墊
食物調理機
濾網
自行選擇的形狀模板
（chablon）
抹刀

材料
翻糖115克
葡萄糖75克
奶油5克

1. 在平底深鍋中，將翻糖、葡萄糖和奶油煮沸至155℃。

4. 將模板擺在烤盤墊上，接著用濾網撒上薄薄一層焦糖粉。

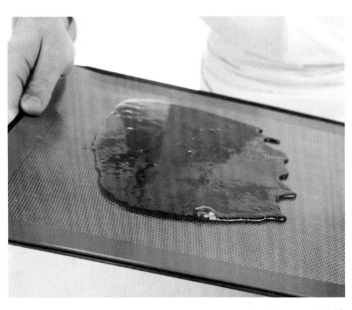

2。直接將焦糖倒在鋪有烤盤墊的烤盤上。搖動烤盤，讓焦糖攤開。放涼至完全冷卻。

3。在焦糖硬化時，敲成小塊，放入電動攪拌機中磨成細粉。

5。輕輕將模板移開。入烤箱以150℃（溫控器5）烤8至10分鐘，讓粉末融化。

6。放涼。用抹刀鏟起，使用前保存在乾燥處。

GLACES

冰品

611 Introduction 引言

614 Crèmes glacées 冰淇淋

    614 Glace à la menthe fraîche 新鮮薄荷冰淇淋
    618 Glace aux œufs vanille 香草蛋冰淇淋
    620 Glace caramel à la fleur de sel 鹽之花焦糖冰淇淋
    622 Crème glacée au chocolat 巧克力冰淇淋

624 Sorbets 雪酪

    624 Granité à l'alcool de poire 梨酒冰砂
    626 Sorbet exotique 異國雪酪
    630 Oranges givrées 柳橙霜淇淋
    632 Sorbet citron 檸檬雪酪
    634 Sorbet plein fruit framboise (sans stabilisateur) 覆盆子果粒雪酪（無穩定劑）

636 Entremets glacés 冰淇淋夾心甜點

    636 Parfait glacé au café 咖啡冰淇淋芭菲
    638 Nougat glacé 牛軋糖雪糕
    640 Omelette norvégienne 烤冰淇淋歐姆蛋
    642 Profiteroles 小泡芙
    644 Vacherin vanille-framboise 香草覆盆子冰淇淋蛋糕

LES GLACES
冰淇淋

在家自製冰淇淋、雪酪和冰淇淋夾心甜點，和專業的冰淇淋製造截然不同，因為後者必須合乎精確的法律規範要求。儘管如此，有些原則還是一樣的。

冰淇淋不只是水而已…
—

為了瞭解冰淇淋和雪酪的配方如何制定，首先必須先認識乾性物質（extrait sec）的概念。乾性物質涵蓋冰淇淋蛋奶液（亦稱為「冰淇淋混合物mix à glace」）所含水分中的所有懸浮物：糖、水果果肉、巧克力、鮮乳的脂肪和蛋白質…一般而言，冰淇淋混合物含有56至70%的水分（由鮮乳和鮮奶油所提供，或是水果天然含有的水分），以及30至44%的固態素材（乾性物質）。冰淇淋的質地與結構就取決於乾性物質的成分。

為何要組合不同的糖？
—

不同的糖會對冷凍的溫度和最終的質地造成影響。每種糖都各有其好處，組合不同的糖便可讓冰淇淋形成理想的質地。除了一般的糖（蔗糖）以外，以下是我們最常用的糖：
- 葡萄糖粉glucose atomisé：對蔗糖具有抗凝結的作用，可讓冰淇淋更柔軟。用量過重會使冰淇淋變為橡膠；
- 右旋糖dextrose：葡萄糖的萃取物，甜度高於葡萄糖粉，但低於蔗糖，可為冰淇淋提供更多的柔軟度，同時降低冰點；
- 轉化糖sucre inverti：甜度和蔗糖相較下特別高。和其他的糖一樣，轉化糖可帶來柔軟度，但當冰淇淋中富含脂肪時（巧克力、帕林內、開心果），它也會保留冰淇淋原本的硬度。不建議用於酸性水果（紅色水果、柑橘類水果）的雪酪中，因為會不利於保存。可用天然的轉化糖，即蜂蜜來取代，儘管會對味道產生影響。

在家中，任何糖都可用相同重量的蔗糖（一般的糖）來取代，只是製成的冰淇淋會稍甜。

脂肪在冰淇淋中扮演的角色
—

冰淇淋中的脂肪由蛋黃和乳製品：奶油、鮮奶油、全脂鮮乳…所提供。這就是為何使用全脂鮮乳並選擇適合混合的材料非常重要，因為冰淇淋整體的結構和滑順度就取決於此。脂肪會在冷凍時硬化，形成了吃進嘴裡所感受到的口感和滑順度。

為何有時我們會加入脫脂奶粉？
—

奶粉是鮮乳去除脂肪的乾性物質：可增加混合物的乾性物質比例，在吸收混合物所含部分水分的同時，可為混合物增加穩定度，因而可減少入口時令人不愉悅的結晶口感。請注意：永遠都要使用脫脂的奶粉，因為它不含任何的脂肪！過猶不及：過多的奶粉往往會讓冰淇淋形成砂礫狀質地。請遵照指示的用量！

穩定劑搭配乳化劑的作用為何？

依專業的配方而定，冰淇淋和雪酪的備料會使用特定的添加劑來讓水保持穩定，並讓脂肪乳化。它們可以：
- 讓冰淇淋更柔軟；
- 改善質地，避免結晶；
- 在品嚐時延緩融化的時間；
- 改善保存。

若是在家製作，且打算立即食用或是短暫保存（7日），這些在烘焙材料行中販售的產品並非必要。因此，本著作中的食譜亦可不使用這些產品來製作。

製作冰品時的熟成有何作用？

熟成是在製冰之前的冷藏時間，是為了培養味道和質地所不可或缺的階段。在家中製作冰淇淋且不使用穩定劑的情況下，熟成對雪酪而言並沒有用，因此可直接放入冰淇淋機中。反之，冰淇淋永遠都需要熟成，時間長短依食譜而定：請遵照指示的時間。

自製冰淇淋可保存多久？

不使用穩定劑的自製冰品可在製造後的7日內食用。儘管如此，最好還是在從冰淇淋機製冰完成後盡早享用完。

自製冰淇淋與專業冰淇淋的差異在哪？

造成自製冰淇淋和專業廚房製作冰淇淋之間差異的因素有很多，原因來自：
- 使用的糖；
- 脂肪和乾燥材料的比例；
- 穩定劑的使用；
- 急速冷凍的溫度；
- 調節膨脹程度（在備料中混入空氣）的製冰機。

市面上販售的冰淇淋都必須遵從法國國家冰淇淋製造商工會（Confédération Nationale des Glaciers-Fabricants）於2000年6月5日採行的《食用冰淇淋合法實踐守則Code des Pratiques loyales des glaces alimentaires》，該守則決定了合格的材料和許可的添加物。在此呈現的所有冰品均符合手工冰淇淋的通用法規。

冰淇淋與冰淇淋夾心甜點的小故事

Parfait 芭菲

在拿破崙三世統治時期，所發明的這道冰淇淋夾心甜點，以炸彈麵糊和打發鮮奶油為基底製成，傳統上只會以咖啡進行調味。今日，我們也會用水果果肉或巧克力來製作芭菲。

Omelette norvégienne 烤冰淇淋歐姆蛋

1867 年由巴黎大飯店（Grand Hôtel）的主廚巴爾札克（Balzac）所創，這道由海綿蛋糕和冰淇淋或雪酪所組成的冰淇淋夾心甜點，會再蓋上蛋白霜，接著在上桌時點火焰燒。壯觀的烤冰淇淋歐姆蛋，讓人一口能同時嚐到冷的和熱的甜點。

Nougat glacé 牛軋糖雪糕

牛軋糖雪糕是較近期的發明（可以找到從 1970 年代開始的食譜），是由蜂蜜義式蛋白霜和打發鮮奶油混合構成，並添加烘烤堅果及糖漬水果。

Profiteroles 小泡芙

小泡芙最早是由麵包麵團為基底所製成的鹹味料理，一直到十九世紀才以泡芙麵糊為基底，成為甜點。大家知道想到在珍珠糖泡芙中填入鮮奶油香醍或卡士達奶油醬的是卡漢姆（ANTONIN CARÊME），但沒有人知道是誰想到在泡芙中填入冰淇淋並淋上巧克力醬…

Glace à la menthe fraîche
新鮮薄荷冰淇淋

6至8人份

準備時間
40分鐘

熟成時間
4至12小時

保存時間
2星期

器具
玻璃紙
擀麵棍
溫度計
手持式電動攪拌棒
漏斗型濾器
冰淇淋機
製冰盒

材料
新鮮薄荷23克
蔗糖（saccharose）116克
脂肪含量3.6%的全脂鮮乳
500克
脂肪含量35%的液狀鮮奶油
120克
脂肪含量0%的奶粉40克
葡萄糖粉（glucose atomisé）
33克
右旋糖（dextrose）17克
穩定劑（stabilisateur）4克
蛋黃73克
薄荷精（extrait de menthe）
1滴

1. 將薄荷葉和一半的蔗糖夾在2張玻璃紙之間。

TRUCS ET ASTUCES DE CHEFS
主廚的技巧與訣竅

最後再加入薄荷泥的技巧，可萃取天然的香氣和葉綠素，
而不會產生葉片纖維含有的植物苦澀味。

4. 在平底深鍋中加熱鮮乳和鮮奶油。在35℃時加入奶粉和蔗
糖、葡萄糖、右旋糖及穩定劑等混合物。

2 • 用擀麵棍將薄荷和糖壓碎。

3 • 在形成泥狀時，倒入碗中。預留備用。

5 • 在45℃時加入蛋黃。繼續煮至85℃，再煮約1分鐘。

6 • 加熱後再加入薄荷泥，以保存天然原色。用橡皮刮刀攪拌
1分鐘。加入薄荷精。

Glace à la menthe fraîche (suite)

新鮮薄荷冰淇淋（接續前頁）

7 • 用手持式電動攪拌棒攪打備料。

8 • 用漏斗型網篩過濾備料，但不要按壓纖維，以避免釋出植物的澀味。

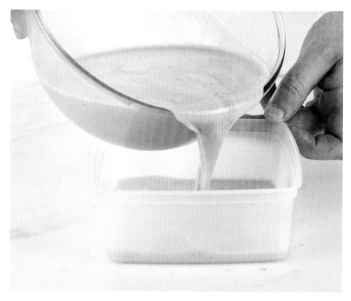

9 • 倒入保存容器中，以冷藏的方式快速冷卻。讓冰淇淋以4℃熟成至少4至12小時。

10 • 用電動攪拌棒再次攪打後，倒入冰淇淋機。遵照製造商的指示操作。裝入製冰盒中，將表面抹平，以-35℃冷凍後，再以-20℃儲存。

Glace aux œufs vanille
香草蛋冰淇淋

6至8人份

準備時間
40分鐘

熟成時間
4至12小時

保存時間
2星期

器具
溫度計
手持式電動攪拌棒
漏斗型濾器
冰淇淋機
製冰盒

材料
脂肪含量3.6%全脂鮮乳534克
脂肪含量35%全脂鮮奶油
150克
香草莢1根
脂肪含量0%奶粉41克
蔗糖（saccharose）134克
葡萄糖粉（glucose atomisé）
33克
右旋糖（dextrose）17克
穩定劑（stabilisateur）5克
蛋黃73克

1. 將鮮乳、鮮奶油和預先剖半並刮出的香草籽加熱。達35℃時，加入奶粉，以及蔗糖、葡萄糖粉、右旋糖和穩定劑的混合物。

4. 用漏斗型濾器過濾備料。

5. 倒入保存容器中，以冷藏的方式快速冷卻。讓冰淇淋以4℃熟成至少4至12小時。

VARIANTES 變化

·咖啡冰淇淋：用 60 克的咖啡豆來取代香草籽，研磨後以鮮乳浸泡。

·開心果冰淇淋：用 60 克的開心果膏來取代香草籽。

·帕林內冰淇淋：去掉 50 克的鮮奶油、50 克的蔗糖和香草籽，加入 130 克的帕林內。

2．在45℃時加入蛋。繼續煮至85℃，再煮約1分鐘。

3．用手持式電動攪拌棒攪打備料。

6．再次攪打後倒入冰淇淋機。遵照製造商的指示操作。裝入製冰盒中，將表面抹平，以-35℃冷凍後再以-20℃保存。

GLACE CARAMEL
À LA FLEUR DE SEL

鹽之花焦糖冰淇淋

6至8人份

準備時間
40分鐘

熟成時間
4至12小時

保存時間
2星期

器具
溫度計
手持式電動攪拌棒
冰淇淋機
製冰盒

材料
脂肪含量3.6%全脂鮮乳531克
焦糖用糖93克
穩定劑（stabilisateur）3.25克
蔗糖50克
右旋糖當量（36-39 DE）的
葡萄糖粉87克
脂肪含量0%的奶粉21.75克
半鹽奶油（beurre demi-sel）
60克
蛋黃25克

在平底深鍋中將鮮乳加熱至微溫。在另一個平底深鍋中，用糖製作乾煮焦糖，接著摻入鮮乳。

混合穩定劑、蔗糖、葡萄糖粉和奶粉。混合鮮乳並加熱至35℃，接著加入半鹽奶油。40℃時，混入蛋黃，煮至85℃時再煮2分鐘。用手持式電動攪拌棒攪打1分鐘至混合物均勻。

倒入保存容器中，以冷藏的方式快速冷卻。在4℃的溫度下熟成至少4至12小時。

倒入冰淇淋機。遵照製造商的指示操作。裝入製冰盒中，將表面抹平，以-35℃冷凍後再以-20℃保存。

CRÈME GLACÉE AU CHOCOLAT
巧克力冰淇淋

6至8人份

準備時間
40分鐘

熟成時間
4至12小時

保存時間
2星期

器具
溫度計
手持式電動攪拌棒
漏斗型濾器
冰淇淋機
製冰盒

材料
脂肪含量0%的奶粉32克
蔗糖150克
穩定劑5克
脂肪含量3.6%全脂鮮乳518克
脂肪含量35%的液狀鮮奶油
200克
轉化糖45克
蛋黃40克
可可膏（pâte de cacao）40克
可可成分66%的加勒比覆蓋巧克力（chocolat de couverture Caraïbes）75克
巧克力利口酒（liqueur de chocolat）50克
（可省略）

混合奶粉、蔗糖和穩定劑。在平底深鍋中，加熱鮮乳、鮮奶油和轉化糖。

在35℃時，加入蔗糖、穩定劑和奶粉的混合物。在45℃時加入蛋黃。繼續煮至85℃，再煮約1分鐘。混入預先隔水加熱至融化的可可膏和覆蓋巧克力。用手持式電動攪拌棒攪打，並用漏斗型濾器過濾。

倒入保存容器中，以冷藏的方式快速冷卻。在4℃的溫度下讓冰淇淋至少熟成4至12小時。

亦可依個人喜好加入巧克力利口酒，用手持式電動攪拌棒再次攪打後，再倒入冰淇淋機。遵照製造商的指示操作。

裝入製冰盒中，將表面抹平，以-35℃冷凍後再以-20℃儲存。

Granité à l'alcool de poire
梨酒冰砂

8人份

準備時間
10分鐘

烹調時間
5分鐘

冷凍時間
2至3小時

保存時間
2星期

器具
打蛋器
大湯勺
製冰盒

材料
水1公升
蔗糖250克
檸檬1/2顆
梨酒（alcool de poire）
200毫升

1. 在平底深鍋中放入水和蔗糖。煮沸形成糖漿。

4. 接著將梨酒倒入冷卻的糖漿中。

5. 倒入保存容器中冷凍。

2． 將糖漿倒入沙拉攪拌盆中，以冷藏的方式冷卻。

3． 加入檸檬汁。

6． 在冷凍過程中，用叉子將冰刮碎。再重新放回冷凍庫。重複同樣的步驟，直到形成冰砂。

7． 放入製冰盒中，冷凍保存。

Sorbet exotique
異國雪酪

6至8人份

準備時間
40分鐘

熟成時間
4小時

保存時間
2星期

器具
溫度計
手持式電動攪拌棒
冰淇淋機
製冰盒

材料
芒果334克
香蕉167克
奇異果75克
葡萄糖粉（glucose atomisé）
50克
右旋糖（dextrose）14克
穩定劑（stabilisateur）3克
蔗糖135克
水143克
百香果肉67克

1. 將水果夫皮並切塊。

4. 加入香蕉，至少煮1分鐘，以破壞會導致香蕉發黑的酶。

2. 混合所有的粉末：葡萄糖粉、右旋糖、穩定劑和蔗糖。

3. 在平底深鍋中將水加熱。40°C時加入粉末並煮沸。

5. 倒入沙拉攪拌盆中，用手持式電動攪拌棒攪打至形成果泥。

6. 加入芒果塊和百香果肉。

Sorbet exotique (suite)
異國雪酪（接續前頁）

7. 在加入奇異果片之前先用電動攪拌器攪打2分鐘。再攪打最後一次，這次輕輕攪打，以免奇異果的籽釋出澀味。

8. 倒入保存用容器中，以冷藏的方式快速冷卻。讓雪酪至少熟成4小時。

9. 再度用電動攪拌器攪打後，再放入冰淇淋機中。遵循製造商的使用說明操作。

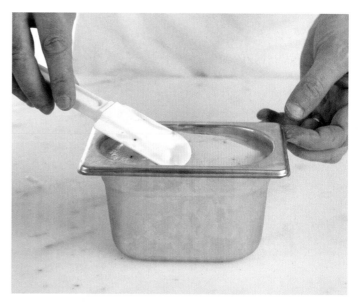

10. 倒入製冰盒中，將表面抹平，先以-35℃冷凍，再以-20℃儲存。

ORANGES GIVRÉES

柳橙霜淇淋

8人份

準備時間
40分鐘

冷凍時間
20分鐘

熟成時間
4小時

保存時間
2星期

器具
漏斗型濾器
溫度計
手持式電動攪拌棒
冰淇淋機
製冰盒

材料

外殼（COQUES）
柳橙8顆
糖漿（糖和水1：1）
250毫升

柳橙雪酪（SORBET ORANGE）
葡萄糖粉38克
右旋糖13克
穩定劑5克
脂肪含量0%的奶粉15克
蔗糖154.5克
水687克
新鮮柳橙汁705克

COQUES外殼

清洗柳橙，並將柳橙的頂部和底部切開。稍微按壓水果，以利挖空。用湯匙將果肉挖出，內部刷上糖漿，以隔絕白色皮膜的苦澀味。冷凍保存。將挖出的柳橙果肉榨汁，並用漏斗型濾器過濾並收集柳橙果肉。保留用來製作雪酪。

SORBET ORANGE柳橙雪酪

混合所有的粉末：葡萄糖粉、右旋糖、穩定劑、奶粉和蔗糖。在平底深鍋中將水加熱。在40℃時加入粉末並煮沸。倒入柳橙汁。以手持式電動攪拌棒攪打後冷藏。讓備料在冷藏室熟成至少4小時。再以手持式電動攪拌棒再度攪打後，放入冰淇淋機中。遵循製造商的使用說明操作。倒入製冰盒中，平整表面，先以-35℃冷凍，再以-20℃儲存。

TRUCS ET ASTUCES DE CHEFS
主廚的技巧與訣竅

· 你可用檸檬來取代柳橙，並使用檸檬雪酪
（見 632 頁食譜）來製作檸檬霜淇淋。

· 此配方未必要使用奶粉，但奶粉有助做出不透光的雪酪，
並增加水的穩定度。

SORBET CITRON
檸檬雪酪

6至8人份

準備時間
30分鐘

熟成時間
4小時

保存時間
2星期

器具
溫度計
手持式電動攪拌棒
冰淇淋機（Turbine à glace）
製冰盒（Bac à glace）

材料
葡萄糖粉35克
右旋糖25.5克
穩定劑5克
脂肪含量0%的奶粉9克
蔗糖191克
水398克
黃檸檬汁332克

混合所有的粉末：葡萄糖粉、右旋糖、穩定劑、奶粉和蔗糖。

在平底深鍋中將水加熱。40°C時，加入粉末並煮沸。倒入檸檬汁。以手持式電動攪拌棒攪打後冷藏。讓備料在冷藏室熟成至少4小時。

再度攪打後放入冰淇淋機中。遵循製造商的使用說明操作。

倒入製冰盒中，平整表面，先以-35°C冷凍，再以-20°C儲存。

SORBET PLEIN FRUIT FRAMBOISE
(SANS STABILISATEUR)

覆盆子果粒雪酪 (不添加穩定劑)

6至8人份

準備時間
30分鐘

熟成時間
2小時

保存時間
1星期

器具
溫度計
手持式電動攪拌棒
冰淇淋機
製冰盒

材料
蔗糖75克
右旋糖8克
葡萄糖粉17克
水100克
覆盆子果肉667克
黃檸檬汁33克

混合蔗糖、右旋糖和葡萄糖粉。

在平底深鍋中加熱水。40°C時,加入粉末並煮沸。以冷藏快速冷卻。

加入覆盆子果肉、檸檬汁,並以手持式電動攪拌棒攪打。讓備料在冷藏室熟成至少2小時。

再度攪打後再放入冰淇淋機中。遵循製造商的使用說明操作。

倒入製冰盒中,平整表面,先以-35°C冷凍,再以-20°C儲存。

PARFAIT GLACÉ AU CAFÉ

咖啡冰淇淋芭菲

8人份

準備時間
35分鐘

烹調時間
25分鐘

冷凍時間
至少4小時

保存時間
2星期

器具
烘焙專用攪拌機
網篩
漏斗型濾器
打蛋器
溫度計
邊長16公分且高4公分的方形模
糕點刷

材料

蛋糕體（BISCUIT）
全蛋100克
糖30克
蜂蜜30克
麵粉50克
杏仁粉10克

咖啡浸潤糖漿
（SIROP D'IMBIBAGE AU CAFÉ）
濃咖啡100克
糖50克
棕色蘭姆酒10克（可省略）

咖啡芭菲（PARFAIT CAFÉ）
香草莢1/2根
咖啡豆40克
全脂鮮乳150克
蛋黃150克
糖150克
打發鮮奶油200克

BISCUIT蛋糕體

在裝有球狀攪拌棒的攪拌缸中，如同製作傑諾瓦士海綿蛋糕般，將蛋、糖和蜂蜜打發。用橡皮刮刀混入過篩的麵粉和杏仁粉。倒在鋪有烤盤紙的烤盤上，入烤箱以190℃（溫控器6/7）烤25分鐘。

SIROP D'IMBIBAGE AU CAFÉ咖啡浸潤糖漿

在平底深鍋中加熱咖啡和糖。在咖啡糖漿冷卻時加入蘭姆酒。

PARFAIT CAFÉ咖啡芭菲

在平底深鍋中，將剖半並刮出籽的香草莢、籽和研磨咖啡豆浸泡在鮮乳中。用漏斗型濾器過濾，並用鮮乳補足150克。用打蛋器將蛋黃和糖攪打至泛白。將部分的熱調味鮮乳倒入泛白的蛋黃中，接著再全部倒回平底深鍋中，煮至85℃。放入裝有球狀攪拌棒的攪拌中，攪打至完全冷卻。輕輕混入打發鮮奶油，接著倒入方形模中。

MONTAGE組裝

將蛋糕體裁成邊長15公分的正方塊。刷上咖啡糖漿，擺在模型中的芭菲上。冷凍保存至少4小時。將芭菲脫模，並依個人喜好進行裝飾：用調溫的牛奶巧克力（見570和572頁食譜）鋪在透明紙上，接著裁成想要的形狀後再放至完全凝固，亦可以鮮奶油香醍、巧克力咖啡豆等進行裝飾。

TRUCS ET ASTUCES DE CHEFS
主廚的技巧與訣竅

· 若要製作水果芭菲，請用水果果肉來取代鮮乳。

· 若要製作含酒精的芭菲，請用水來取代鮮乳以製作糖漿，並將最後混合物15%重量的酒（自行選擇）加入打發鮮奶油中。

· 為了享用時能有更良好的穩定度，可在剛煮至85℃冷卻之前，加入3克的吉力丁，再用電動攪拌棒攪拌至冷卻。

· 為了增添香氣，你可在浸泡咖啡豆之前將咖啡豆用烤箱150℃（溫控器5）烘焙15分鐘。

NOUGAT GLACÉ
牛軋糖雪糕

8人份

準備時間
40分鐘

烹調時間
25分鐘

冷凍時間
4小時

保存時間
2星期

器具
電動攪拌機
網篩
溫度計
烘焙專用攪拌機
15公分×25公分且高6公分的
方形蛋糕框
糕點刷
擠花袋＋星形擠花嘴
噴槍

材料
蜂蜜蛋糕體
（BISCUIT AU MIEL）
蛋黃80克
糖85克
蜂蜜30克
蛋白120克
麵粉100克
杏仁粉25克

牛軋糖糊（APPAREIL À NOUGAT）
杏仁100克
糖50克
蜂蜜165克
蛋白100克
香草莢1根
大茴香粉（anis en poudre）適量
脂肪含量35%的液狀鮮奶油
230克
吉利丁片3.5克
柑曼怡香橙干邑
（Grand Marnier）42克
整顆開心果35克
糖漬橙皮（écorces d'orange
confites）35克
糖漬水果70克

義式蛋白霜
（MERINGUE ITALIENNE）
蛋白50克
糖100克
水40克

柑曼怡香橙干邑糖漿
（SIROP GRAND MARNIER）
水150克
糖50克
柑曼怡香橙干邑5克

最後修飾
自選的新鮮水果或
糖漬水果少許

BISCUIT AU MIEL蜂蜜蛋糕體
用電動攪拌機，將蛋黃和70克的糖攪打至泛白，接著加入蜂蜜。以另一個鋼盆將蛋白和15克的糖攪打至硬性發泡。用橡皮刮刀將蛋黃糊混入蛋白霜中。加入預先過篩的麵粉和杏仁粉。倒入鋪有烤盤紙的烤盤（30公分×40公分），入烤箱以190℃（溫控器6/7）烤10分鐘。預留備用。

APPAREIL À NOUGAT牛軋糖糊
將杏仁鋪在烤盤上，入烤箱以150℃（溫控器5）烘焙15分鐘。冷卻後約略切碎。在平底深鍋中，將糖煮至110℃。在另一個平底深鍋中，將蜂蜜煮沸。先後將蜂蜜和熟糖以緩緩的細流狀，倒入預先以電動攪拌機打發的蛋白霜中，形成義式蛋白霜。加入從剖半的香草莢中刮下的籽和大茴香粉，接著是擰乾且融化的吉力丁。將液狀鮮奶油打發，接著加入柑曼怡香橙干邑。用橡皮刮刀輕輕混入冷卻的義式蛋白霜中。加入杏仁碎、整顆的開心果、切丁的橙皮和糖漬水果。

MERINGUE ITALIENNE義式蛋白霜
製作義式蛋白霜（見232頁食譜）。

SIROP GRAND MARNIER柑曼怡香橙干邑糖漿
在平底深鍋中，將水和糖煮沸。放涼後加入酒。

MONTAGE組裝
將蜂蜜蛋糕體裁成2個方形蛋糕框大小的長方形。刷上柑曼怡香橙干邑糖漿。將第1片蛋糕體擺入方形蛋糕框中，倒入牛軋糖糊，接著擺上第2片蛋糕體。冷凍4小時。將義式蛋白霜填入裝有星形擠花嘴的擠花袋，為蛋糕進行裝飾。用噴槍將蛋白霜稍微烤上色。享用時加入一些水果作為裝飾。

TRUCS ET ASTUCES DE CHEFS
主廚的技巧與訣竅

接觸到酒精的奶油醬很容易會收縮。因此務必注意奶油醬
必須夠柔軟，才能讓兩種料糊之間的混合更臻於完善。

OMELETTE NORVÉGIENNE

烤冰淇淋歐姆蛋

8人份

準備時間
1小時30分鐘

烹調時間
15分鐘

浸漬時間
4小時

冷凍時間
4小時

保存時間
15日

器具
電動攪拌機
網篩
溫度計
漏斗型濾器
手持式電動攪拌棒
冰淇淋機
直徑16公分且高4公分的
多層蛋糕圈
糕點刷
擠花袋+直徑10公釐的
平口擠花嘴
抹刀

材料
指形蛋糕體（BISCUIT CUILLÈRE）
蛋黃40克
糖43克
蜂蜜15克

蛋白60克
過篩麵粉50克
杏仁粉12克

浸潤糖漿（SIROP D'IMBIBAGE）
水125克
糖125克
蘋果白蘭地（Calvados）35克

香草冰淇淋
（GLACE À LA VANILLE）
全脂鮮乳534克
脂肪含量35%的液狀鮮奶油
150克
香草莢1根
脂肪含量0%的奶粉41克
蔗糖134克
葡萄糖粉33克
右旋糖17克
穩定劑5克
蛋黃73克

修飾用歐姆蛋
（OMELETTE DE FINITION）
蛋白150克
砂糖100克
蛋黃50克

最後修飾
杏仁片100克
糖粉100克
點火焰燒用酒精（柑曼怡香橙干邑、蘋果白蘭地、利口酒）適量

BISCUIT CUILLÈRE指形蛋糕體

將蛋黃、35克的糖和蜂蜜放入電動攪拌機中。以另一個鋼盆將蛋白和剩餘8克的糖打發。混入蛋黃鍋中，接著加入過篩的麵粉和杏仁粉。倒入鋪有烤盤紙的烤盤，入烤箱以190℃（溫控器6/7）烤約10分鐘。

SIROP D'IMBIBAGE浸潤糖漿

在平底深鍋中，將水和糖煮沸。在糖漿冷卻時加入蘋果白蘭地。

GLACE À LA VANILLE香草冰淇淋

製作香草冰淇淋（見618頁食譜）。至少在4℃的溫度下熟成4小時。再度以手持式電動攪拌棒攪打後放入冰淇淋機中。

OMELETTE DE FINITION修飾用歐姆蛋

用電動攪拌機將蛋白和砂糖打發成蛋白霜。輕輕混入預先打散的蛋黃中拌勻成蛋糊。

MONTAGE組裝

在蛋糕體冷卻時，切成2塊直徑16公分的圓餅。將第1塊圓餅擺在直徑16公分的蛋糕圈底部。用糕點刷刷上糖漿，填入香草冰淇淋。擺入第2塊刷上糖漿的指形蛋糕體。冷凍保存4小時。用抹刀或擠花袋將修飾用歐姆蛋糊擠在冷凍蛋糕上。撒上烤過的杏仁片和糖粉，接著快速放入250℃（溫控器8/9）的熱烤箱中，烤至形成淡淡的金黃色即可。冷凍保存後再品嚐。

享用時，用小的平底深鍋加熱選用的酒。點火焰燒後倒在置於耐熱餐盤的烤冰淇淋歐姆蛋上。

TRUCS ET ASTUCES DE CHEFS
主廚的技巧與訣竅

· 務必要使用耐熱餐盤，以避開餐桌可能著火的風險。
· 可用義式蛋白霜（見 232 頁食譜）來取代修飾用的歐姆蛋。

PROFITEROLES
小泡芙

8人份

準備時間
2小時

烘焙時間
25分鐘

浸漬時間
4小時

冷凍時間
1小時

保存時間
15日

器具
網篩
擠花袋+直徑10公釐的
平口擠花嘴+星形擠花嘴
溫度計
漏斗型濾器
手持式電動攪拌棒
冰淇淋機

材料

泡芙麵糊（PÂTE À CHOUX）
水70克
鮮乳60克
鹽1克
糖5克（可省略）
奶油50克
麵粉75克
蛋125克
珍珠糖適量
切碎杏仁適量

香草冰淇淋
（GLACE À LA VANILLE）
全脂鮮乳534克
脂肪含量35%的液狀鮮奶油
150克
香草莢1根
脂肪含量0%的奶粉41克
蔗糖134克
葡萄糖粉33克
右旋糖17克
穩定劑5克
蛋黃73克

巧克力醬（SAUCE AU CHOCLAT）
脂肪含量35%的液狀鮮奶油
125克
水75克
糖95克
可可粉40克
葡萄糖12克
可可成分70%的巧克力95克

PÂTE À CHOUX泡芙麵糊

在平底深鍋中，將水、鮮乳、鹽、糖和切成小丁的奶油煮沸。離火後一次加入過篩的麵粉，接著以刮刀混合至形成麵糊。將麵糊加熱蒸發水氣10秒，直到麵糊不再沾黏鍋壁。刮至不鏽鋼盆中以中止烹煮。慢慢混入預先打散的蛋。用刮刀攪拌並檢查麵糊的稠度。若以刮刀在鍋底劃出一道痕跡，應緩緩地密合。如有需要可再加入蛋做調整。用裝有直徑10公釐擠花嘴的擠花袋，在不沾烤盤上擠出約40幾顆小泡芙（即每人4至5顆泡芙）。撒上杏仁碎和珍珠糖後，入烤箱以190℃（溫控器6/7）烤25分鐘。

GLACE À LA VANILLE香草冰淇淋

製作香草冰淇淋（見618頁食譜）。讓冰淇淋在4℃下熟成至少4小時。再度以手持式電動攪拌棒攪打後，放入冰淇淋機中製作。

SAUCE AU CHOCLAT巧克力醬

在平底深鍋中，將鮮奶油、水、糖、可可粉和葡萄糖煮沸。倒入巧克力中，拌軟至形成如甘那許般的質地。預留備用。

MONTAGE組裝

將冷卻的泡芙橫切成兩半（頂部1/3底部2/3）。在裝有星形擠花嘴的擠花袋中填入香草冰淇淋，大量擠在泡芙底部，形成漂亮的花形，蓋上頂部。冷凍保存後再搭配巧克力醬享用。預先準備每人40克的巧克力醬。

TRUCS ET ASTUCES DE CHEFS
主廚的技巧與訣竅

・最好從前一天開始製作泡芙。

・你可將切開的泡芙冷凍，如此一來，
在擺盤時冰淇淋就不會融化的那麼快。

VACHERIN VANILLE-FRAMBOISE
香草覆盆子冰淇淋蛋糕

8人份

準備時間
3小時

烹調時間
1小時30分鐘

浸漬時間
至少6小時

冷凍時間
1小時

保存時間
15日

器具
烘焙專用攪拌機
網篩
烤盤墊
擠花袋+星形擠花嘴
+直徑10公釐的平口擠花嘴
+聖多諾黑擠花嘴
直徑16公分的矽膠模
溫度計
手持式電動攪拌棒
冰淇淋機
漏斗型濾器
打蛋器
直徑16公分的矽膠模
直徑18公分的塔圈

材料
法式蛋白霜
(MERINGUE FRANÇAISE)
蛋白100克
砂糖175克
糖粉25克

覆盆子庫利
(COULIS DE FRAMBOISE)
覆盆子果肉115克
糖10克
轉化糖13克
覆盆子利口酒或櫻桃酒7克

覆盆子果粒雪酪
(SORBET PLEIN FRUIT FRAMBOISE)
糖170克
葡萄糖粉30克
穩定劑6克
水200克
覆盆子果肉650克
黃檸檬汁20克

香草冰淇淋
(GLACE À LA VANILLE)
全脂鮮乳534克
脂肪含量35%的液狀鮮奶油
150克
香草莢1根
脂肪含量0%的奶粉41克
蔗糖134克
葡萄糖粉33克
右旋糖17克
穩定劑5克
蛋黃73克

覆盆子鏡面
(GLAÇAGE À LA FRAMBOISE)
金黃鏡面果膠
(nappage blond)100克
透明葡萄糖
(glucose cristal)10克
覆盆子泥30克
紅色食用色素適量

鮮奶油香醍
(CRÈME CHANTILLY)
脂肪含量35%的液狀鮮奶油
150克
馬斯卡邦乳酪75克
糖粉45克
香草莢1根

MERINGUE FRANÇAISE法式蛋白霜
製作法式蛋白霜（見234頁食譜）。用裝有平口擠花嘴的擠花袋，在鋪有烤盤墊的烤盤上，將蛋白霜擠成直徑18公分的圓作為基底，並擠出約5公分眼淚形狀的蛋白霜。入烤箱以100℃（溫控器3/4）烤1小時30分鐘。

COULIS DE FRAMBOISE覆盆子庫利
用橡皮刮刀混合覆盆子果肉和糖，接著是覆盆子利口酒。倒入矽膠模中，形成直徑16公分的圓餅。冷凍保存至組裝的時刻。

SORBET PLEIN FRUIT FRAMBOISE覆盆子果粒雪酪
製作雪酪（見634頁食譜）。混合50克的糖、葡萄糖和穩定劑。在平底深鍋中加熱水和剩餘的糖，形成糖漿。在40℃時，加入粉末並煮沸。加入覆盆子果肉、檸檬汁，並以手持式電動攪拌棒攪打。以冷藏的方式快速冷卻，接著在4℃下熟成至少2小時。再度攪打後放入冰淇淋機中製作。

GLACE À LA VANILLE香草冰淇淋
製作香草冰淇淋（見618頁食譜）。在4℃下熟成至少4小時。用手持式電動攪拌棒再度攪打後，放入冰淇淋機中製作。

GLAÇAGE À LA FRAMBOISE覆盆子鏡面
以手持式電動攪拌棒將所有材料攪打至20℃，讓整體乳化。以漏斗型濾器過濾，常溫預留備用。

CRÈME CHANTILLY馬斯卡邦鮮奶油香醍
製作鮮奶油香醍，將液狀鮮奶油和馬斯卡邦乳酪打發（見201頁食譜）。

MONTAGE組裝
將烤好蛋白霜圓餅基底擺在塔圈底部。填入香草冰淇淋至塔圈的半滿，擺上冷凍脫模的庫利餅，再用覆盆子雪酪將塔圈填滿。冷凍保存1小時。脫模，用裝有星形擠花嘴的擠花袋在表面的周圍交替擠出花形的覆盆子雪酪和鮮奶油香醍。將覆盆子鏡面小心地淋在表面，將眼淚形狀的蛋白餅貼合在周圍，間隔處以聖多諾黑擠花嘴擠上鮮奶油香醍，用幾顆新鮮覆盆子裝飾後再享用。

ANNEXES

附録

LEXIQUE 詞彙表

A

ABAISSER 擀開
用擀麵棍將一塊麵團壓開，以形成想要厚度及形狀的麵皮。

ABRICOTER 刷上果膠
用糕點刷為備料刷上一層鏡面淋醬、杏桃果醬或紅醋栗果凝，形成光澤、作為修飾，並增添風味。果膠可隔絕空氣，避免氧化。

APPAREIL 料糊
準備好進行烘烤的材料混合物。

ARASER 整平
為模型去除多餘的麵皮或巧克力。

B

BAIN-MARIE 隔水加熱
在裝有水的容器內放入另一個容器，後者裝有維持在一定溫度的備料，緩緩加熱，或讓備料融化。

BEURRE CLARIFIÉ 澄清奶油
加熱奶油，在融化後進行澄清，以去除如酪蛋白、乳清殘留和水等雜質。如此一來更能耐高溫，也能保存更久。

BEURRE(EN)POMMADE 膏狀奶油
軟化奶油，用刮刀攪拌至形成膏狀的稠度（平滑且柔軟），為乳化的前製階段。

BEURRER UN PÂTON OU UN MOULE 為麵團或模型塗上奶油
-將奶油加入麵團、折疊派皮或可頌的基本揉和麵團。
-為模型、塔圈或其他容器內部塗上奶油，以預防麵皮沾黏。

BLANCHIR 攪打至泛白
用打蛋器攪拌蛋黃或全蛋和糖的混合物。

BOULER 揉成球狀
用掌心以繞圓圈的方式搓揉麵團，形成球狀。

BROYER 研磨
磨碎並壓製成粉末或膏狀。

BRÛLER 燒焦
我們會這麼說：
-當蛋黃和糖混在一起，卻不立即使用時，蛋黃會被糖燒焦（水分被吸乾，煮熟）。
-麵團缺水時會燒焦。
-超過理想的烹煮程度時，備料就會燒焦。

C

CARAMÉLISER 焦糖化
-將糖煮至形成金黃色的焦糖。
-淋上焦糖。
-在模型內鋪上煮成焦糖的熟糖或稀釋焦糖。
-用烙鐵或噴槍將布丁或糕點表面的糖烤成焦糖。

CHABLONNER 版型加固
在蛋糕體上鋪上一層由融化巧克力或鏡面淋醬所構成的不透水層，讓蛋糕固化，以利裁切。

CHARGER 裝填
在預先鋪上烤盤紙或耐熱保鮮膜的塔底，填滿烘焙用的瓷製重石或豆子，以進行「空烤」。

CHEMISER 鋪上外衣/形成保護層
-在模型內鋪上一層麵糊、奶油、麵粉、巧克力、冰淇淋、紙、蛋糕體，然後再填滿其他的成分。
-脫模時，我們取得鋪有一層「保護層」的備料。

CHINOISER 用漏斗型濾器過濾
用漏斗型濾器——一種圓錐狀的濾器，亦稱「漏斗型網篩」——過濾液體，以去除雜質。

CHIQUETER 作出裝飾線
在烘烤折疊派皮之前，用刀或花邊夾在派皮周圍割出切口或留下痕跡，讓派皮在烘烤時能夠均勻地膨脹。

CLARIFIER 澄清
-讓糖漿或果凝變得清澈。
-將奶油和其他成分分開。
-將蛋白和蛋黃分開。

CORNE 烘焙刮板
食用級塑膠材質，平坦、柔軟且無握柄的小刮刀。圓邊和另一邊的平邊適用於各種形狀的容器。

CORNER 用刮板刮
使用烘焙刮板來切割麵團，組合、抹平、刮除、移動，或是將備料徹底從容器中清除。用刮板刮除的動作有利於清潔。

CORPS 厚實度
麵團揉捏後的狀態。厚實度因其結實、彈性和加壓時的延展性而受到重視。和麵粉中麩質的品質直接相關。

COUCHER 鋪料
用擠花袋將泡芙麵糊，也包括蛋白霜或花式小糕點，擠在烤盤上。

CRÈME CHANTILLY 鮮奶油香醍
這個名稱只保留給脂肪含量至少30%以上的打發鮮奶油，而且除了蔗糖（半白糖、白糖或精緻白糖）和可能的天然香料以外，不含任何其他的添加物。

CRÉMER 乳化
混合糖和奶油，形成濃稠柔軟的混合物。

CRISTALLISER 凝固
讓巧克力中所含的可可脂凝固，可為表面賦予光澤和脆的口感、有利於模塑和脫模。應進行調溫—讓可可脂變為液態、冷卻，再重新加熱，讓可可脂變得更穩定且更容易加工。

CROÛTER 結皮
讓麵糊在空氣中或置於乾燥箱中晾乾，以形成堅　的表面—例如馬卡龍。

CUIRE À LA NAPPE 煮至覆蓋刮杓的濃度
煮至備料均勻地覆蓋在刮刀上，即所謂覆蓋刮杓的濃度。對英式奶油醬而言，溫度為83至85℃（不應煮沸）。

D

DÉCUIRE 稀釋降溫
在煮糖的湯汁中加入少量的水或其他液體，讓溫度再度下降。

DÉMOULER 脫模
小心地將備料從模型中取出（傑諾瓦士海綿蛋糕、冰淇淋、巧克力...）。

DESSÉCHER 烘乾
將備料置於乾燥箱或用烤箱烘烤，讓水分蒸發。

DÉTAILLER 裁切
用壓模或刀將（折疊派皮、杏仁膏）麵皮裁下。

DÉTENDRE 放鬆
在混合物中加入有助混合物變軟的液體或材料，以利烘烤。

DÉTREMPE 基本揉和麵團
混合麵粉、水和鹽，以製作折疊派皮或可頌麵團。

DORER 使成金黃色
-用糕點刷刷上蛋液，即蛋和鮮乳的混合物。
-在巧克力餅或裝飾花樣上擺上金箔。

DOUBLER 加襯
將第二個烤盤塞到烤箱中第一個烤盤下方，為備料保存柔軟度，並避免備料在烘烤時「ferrent」(表面燒焦)。

DRESSER 擺盤／擠花
-勻稱地將單一或多個糕點擺在呈現的盤子上。

-將裁切好的麵團擺在烤盤上。
-用裝有擠花嘴的擠花袋將糕點麵糊擠在烤盤上，形成想要的形狀。

E

ÉBARBER 修整
脫模後，去掉蛋糕或巧克力糖多餘不規則的部分。

ÉCUMER 撈去浮沫
去掉煮沸糖漿、果醬、果凝、澄清奶油等表面形成的泡沫。

ÉMULSION 乳化
混合兩種原本不相溶的物體，並拌至均勻。

ENROBER 裹上糖衣
完全覆蓋上一層具一定厚度的巧克力、翻糖、熟糖、焦糖。

F

FAÇONNER 揉製
讓麵團、備料形成特定的形狀或外觀。

FARINER 撒麵粉（或薄撒麵粉**FLEURER**）
為預先刷上奶油的模型或烤盤—或麵團—撒上薄薄一層麵粉，以防止沾黏。薄撒麵粉則是撒上較少量的麵粉。

FESTONNER 飾以花邊
以圓形的花齒裝飾。

FONCER（**FONÇAGE**）鋪底
在模型或塔圈內鋪上麵皮。

FONTAINE 凹槽
麵粉形成圓圈狀的凹槽，我們在當中混入麵團的液態材料後再進行混合。

FRASER（或**FRAISER**）揉麵
用掌心往面前推、壓麵團，讓麵團平滑但不膨脹，一邊混入尚未混合其他材料的油脂。

G

GARNIR 裝填
-填滿擠花袋、模型。
-在泡芙、糕點中填餡。

GLACER 覆以鏡面
-為糕點或蛋糕覆蓋鏡面、果膠、翻糖或雪酪。
-為糕點撒上糖粉，以烤成焦糖，或是淋上糖漿，為糕點增加光澤。

GRAINER 結粒

分解成粒狀，例如結構不夠緊密的蛋白，或是失敗的英式奶油醬。

GRAISSER 上油

為模型塗油（見beurrer 塗奶油）。

H

HACHER 切碎

用刀或絞肉機切細（例如糖漬水果）。

I

IMBIBER 浸潤

分數次濕潤，並將備料浸入糖漿、酒精（見punchage酒漬）、鮮乳中。

INCORPORER 混入

將一種材料和另一種材料混合。

INTÉRIEUR 內餡

準備用來裹上外衣的醬料、巧克力備料、料糊或甘那許。

M

MACARONNER 壓拌混合

用軟刮刀從底部往上翻攪麵糊，一邊攪拌至形成如緞帶狀，糕點奶油醬般的柔軟度。

MARBRAGE 大理石花紋

-翻糖、巧克力或果凝的裝飾鏡面，鏡面上由不同顏色構成的花紋令人聯想到大理石。
-基本揉和麵團中的奶油未能均勻散開的結果。

MASQUER 覆蓋

例如為多層蛋糕鋪上奶油醬、杏仁膏或融化巧克力，作為不讓內部露出的裝飾。

MASSE 團塊

作為糕點或糖果備料的塊狀醬料。

MASSER 結塊

讓糖漿或糖液結晶。
（有時並非故意：這時我們會說「faire tourner」。）

MERINGUER 形成蛋白霜

-分幾次混入糖，以免形成泡沫狀的蛋白結粒。
-用蛋白霜為備料裝飾。

MOUILLURE 濕潤罐

裝有水的容器，用來存放濕潤刷或劃線用叉。

N

NAPPE覆蓋刮杓的濃度

見「CUIRE À LA NAPPE 煮至覆蓋刮杓的濃度」。

NAPPER澆淋成層

以大量冷或熱的半液態料糊覆蓋。用手或用湯匙淋上大量備料，或是用糕點刷刷在水果上。

P

PANADE麵糊

以水、麵粉、鹽和油脂為基底的備料，用來調配泡芙麵糊。

PARER 修整

為備料或原料去除無用、無法食用或不美觀的部分。

PASTEURISATION巴斯德消毒法

-食物保存的熱處理法，依性質將材料加熱至100℃以下，接著再突然冷卻，這樣的過程可消滅病菌，
-低溫消毒法：以60至65℃加熱30分鐘。
-高溫消毒法：以80至85℃加熱3分鐘。
-加速消毒法：以92至95℃加熱1秒。
-瞬間冷卻：4至6℃。

PÂTON 麵團

折疊派皮或可頌已混入折疊用奶油的基本揉和麵團。

PÉTRIR 揉捏

混合、拌合、攪拌含麵粉等備料的不同元素，以形成均勻、結實的麵團。

PINCER 捏邊

用手指或塔派的花邊夾在塔派邊緣形成波浪狀。這是一種裝飾，但也是烘烤的元素之一。在烤箱中，捏出的花邊會快速上色且硬化，鞏固了塔派的邊緣。

PIQUER 戳洞

用刀、叉或滾輪（roulette）在折疊派皮的麵皮、塔底戳出小洞，讓塔派在空烤時不會膨脹或收縮。這不會使用在流質內餡的派皮上，例如布丁塔。

POINTAGE（或**PIGUAGE**）第一次發酵

麵團在麵包酵母的作用下首度膨脹（pousse）（見下面說明）或發酵，這可讓香氣在揉麵和塑型之間的階段形成，而這個階段是在揉麵之後。

POUSSE 發酵

烤箱中的麵團在麵包酵母、泡打粉，或是其成分的作用下膨脹。

PUNCHER 酒漬

以酒精或含酒精的糖漿浸潤（見imbiber浸潤）。

R

RABATTRE或ROMPRE 折疊排氣

在第一次發酵後，將麵皮折起數次，並在發酵時按壓麵皮以幫助排氣和活化。

RAYER 劃線

烘烤前，在刷上蛋液的麵皮表面，用刀割劃出裝飾式圖案。

RESSUAGE 冷卻散熱

出爐後的階段：烘烤後，在冷卻時的麵團會「ressue出汗」一釋放出蒸氣。將蛋糕擺在網架上讓蛋糕可以保有其柔軟度，但又可避免塌陷軟化。

ROGNURES 碎料

為塔圈鋪上塔皮或經裁切後落下的麵皮碎片，尤其是指折疊派皮的碎片。

RUBAN 緞帶狀

用打蛋器打發至足以像緞帶一樣折起，並緩慢落下的備料。

S

SABLER 搓成砂礫狀

在進行某些麵團的揉麵時，用指尖輕輕來回搓奶油和麵粉，直到形成砂礫狀質地。

SANGLER 冷縮

-在模型中填入冰品的備料，在周圍堆上冰塊和鹽，讓備料凝固。
-將混合物放入雪酪機、冰箱中製冰。
-放入備料前將容器冷凍冷卻。

SERRER 使緊實

-按壓發酵麵團，使氣體排出。
-在組裝的最後，更快速攪打成分，以加強穩定度。
-過度壓縮發酵麵團。

T

TABLER（METTRE AU POINT）調溫

讓覆蓋巧克力在大理石板上冷卻，再以抹刀攪拌至形成理想的凝固狀態。

TAMISER 過篩

用網篩過濾原料粉末，以去除雜質、顆粒或結塊。

TANT POUR TANT 杏仁糖粉

糖粉或砂糖和杏仁粉相同重量的混合物。

TOURER 折疊麵皮

將折疊麵團 成勻稱的長方形，接著折成3折或4折。

V

VANNER 攪散

-用刮刀或打蛋器攪拌奶油醬、料糊、果凝至均勻，並避免形成硬皮。
-防止奶油醬結粒或沾黏。

INDEX 索引

A

Acide citrique 檸檬酸，47
Additifs alimentaires 食品添加劑，47-49
Agar-agar 洋菜，47
Alliance de saveurs 味道組合，518-519
Amande 杏仁，44
Amandes et noisettes caramélisées au chocolat 巧克力焦糖杏仁和榛果，537
Ananas-basilic thaï 泰國羅勒鳳梨蛋糕，454
Arômes 調味香料，49

B

Beurre de cacao 可可脂，41
Beurre 奶油，35
Biarritz 比亞里茨，328
Bichons 比熊，78
Biscuit cuillère 指形蛋糕體，222
Biscuit Joconde 杏仁蛋糕體，217
Biscuit sacher 沙赫蛋糕體，214
Biscuit sans farine au chocolat 無麵粉巧克力蛋糕體，226
Bonbons gélifiés 棉花軟糖，540
Brioche feuilletée 千層布里歐，149
Brioche Nanterre 南特爾布里歐，136
Brioche tressée 辮子布里歐，138
Brownies 巧克力布朗尼，306
Bûche banane-chocolat 香蕉巧克力木柴蛋糕 NIVEAU 2，476
Bûche café 咖啡木柴蛋糕 NIVEAU 1，474

C

Cacao en poudre 可可粉，40
Cacao 可可，40-41
Cake à la pistache et framboise 開心果覆盆子蛋糕，294
Cake au chocolat 巧克力蛋糕，290
Cake citron 檸檬蛋糕，288
Cake aux fruits confits 糖漬水果蛋糕，280
Cake aux marrons 栗子蛋糕，296
Cake marbré 大理石蛋糕，286
Calibre des œufs 蛋的大小，37
Canelés 可麗露，304
Caramels au beurre salé 鹹奶油焦糖軟糖，532
Caroline chocolat mendiant 堅果巧克力迷你閃電泡芙，496
Casse-noisette gianduja-caramel 焦糖占度亞榛果鉗蛋糕，468
Chantilly 鮮奶油香醍，201
Charlotte coco-passion 椰子百香夏洛特蛋糕 NIVEAU 2，432
Charlotte vanille-fruits rouges 香草紅果夏洛特蛋糕 NIVEAU 1，430
Chaussons aux pommes 蘋果修頌，76
Cheesecake 乳酪蛋糕，354
Chiqueter 捏出花邊，28
Chocolat 巧克力，40-41
Chouquettes 珍珠糖泡芙，164

Cigarette en chocolat 巧克力雪茄，592
Cigarettes 雪茄餅，314
Clafoutis aux cerises 櫻桃克拉芙蒂，362
Colorants 食用色素，48
Confiture d'abricots 杏桃果醬，560
Confiture d'oranges 柳橙果醬，558
Confiture de fraises 草莓果醬，554
Confiture de framboises 覆盆子果醬，552
Cookies 餅乾，330
Copeaux en chocolat 巧克力刨花，594
Coques de macarons 馬卡龍餅殼，243
Cornet 圓錐形紙袋，598
Correspondance degrés/thermostat pour le four 烤箱溫度／溫控器對應表，51
Courbes de tempérage du chocolat 巧克力的調溫曲線，568
Couronne des rois 國王皇冠麵包，143
Le coussin de la reine 皇后靠墊，460
Crème anglaise 英式奶油醬，204
Crème au beurre 奶油霜，202
Crème au caramel 焦糖布丁，348
Crème brûlée 烤布蕾，350
Chantilly 鮮奶油香醍，201
Crème Chiboust 希布斯特奶油醬，206
Crème d'amande 杏仁奶油餡，208
Crème de tartre 塔塔粉，47
Crème diplomate 卡士達鮮奶油醬，200
Crème fraîche épaisse 高脂法式酸奶油，34
Crème glacée au chocolat 巧克力冰淇淋，622
Crème liquide 液狀鮮奶油，34
Crème mousseline 慕斯林奶油醬，198
Crème pâtissière 卡士達奶油醬，196
Crêpes 可麗餅，336
Croissants 可頌，152
Croquembouche 泡芙塔 NIVEAU 1，486
Croquembouche à la nougatine de sésame aux éclats de grué de cacao 可可粒芝麻奴軋汀泡芙塔，NIVEAU 2，488
Cuisson du sucre 煮糖，516、520

D

Dacquoises aux noix 核桃達克瓦茲，224
Damiers 棋盤餅乾，332
Décors en pâte d'amandes 杏仁膏裝飾，601
Dresser un éclair 擠出並烘烤閃電泡芙，166

E

Éclair au café 咖啡閃電泡芙 NIVEAU 1，172
Éclair au citron craquelin croustillant 脆皮檸檬閃電泡芙 NIVEAU 2，174
Émulsifiants pour glace 冰淇淋乳化劑，49
Entremets automne 秋日蛋糕，462
Entremets coing-gingembre 薑香榲桲蛋糕，464
Entremets ganache 甘那許蛋糕 NIVEAU 1，442
Entremets ganache 甘那許蛋糕 NIVEAU 2，444

Entremets griotte-mascarpone 酸櫻桃馬斯卡邦乳酪蛋糕，456
Éventails en chocolat 扇形巧克力，593

F

Far breton 布列塔尼布丁蛋糕，372
Farine de blé 小麥麵粉，42
Farine 麵粉，42-43
Fécule 植物澱粉，596
Financiers 費南雪，276
Flan 布丁塔，364
Foncer une pâte 在模型底部鋪上麵皮（技巧 1），26
Foncer une pâte 在模型底部鋪上麵皮（技巧 2），29
Foncer une pâte par tamponnage 以小麵團輔助，在模型底部鋪上麵皮，25
Fondant 翻糖，169
Forêt blanche 白森林蛋糕 NIVEAU 2，396
Forêt noire 黑森林蛋糕 NIVEAU 1，394
Fraisier 草莓蛋糕 NIVEAU 1，400
Fraisier 草莓蛋糕 NIVEAU 2，402

G

Galette à la frangipane 杏仁奶油烘餅 NIVEAU 1，480
Galette pistache-griotte 開心果酸櫻桃烘餅 NIVEAU 2，482
Garnir un éclair 為閃電泡芙填餡，168
Gâteau basque 巴斯克蛋糕，308
Gaufres 格子鬆餅，338
Gélatine 吉力丁，48
Génoise 傑諾瓦士海綿蛋糕，220
Giandujas 占度亞榛果巧克力，586
Glace à la menthe fraîche 新鮮薄荷冰淇淋，614
Glace aux œufs vanille 香草蛋冰淇淋，618
Glace caramel à la fleur de sel 鹽之花焦糖冰淇淋，620
Glacer un éclair 為閃電泡芙覆以鏡面，169
Glucose 葡萄糖，38
Granité à l'alcool de poire 梨酒冰砂，624
Grosse brioche à tête 大布里歐，134
Guimauve 棉花糖，534

I

Île flottante 漂浮之島，374

K

Kougelhopf 咕咕霍夫，146
Kouign amann 法式焦糖奶油酥，160

L

Lait concentré sucré 含糖煉乳，35
Lait en poudre 奶粉，35

Lait 鮮乳，34
Langues de chat 貓舌餅，317
LE 55 FBG, W.H. 55 FBG, W.H. 蛋糕，466
Levure biologique 酵母，46
Levure chimique 泡打粉，46

M

Macarons à la violette 紫羅蘭馬卡龍 NIVEAU 2，255
Macarons avocat-mûre 酪梨桑葚馬卡龍 NIVEAU 2，259
Macarons orange 橙香馬卡龍 NIVEAU 2，247
Macarons caramel beurre salé 鹹奶油焦糖馬卡龍 NIVEAU 1，262
Macarons caramel, noix de macadamia et banane 焦糖香蕉夏威夷豆馬卡龍 NIVEAU 2，263
Macarons cassis 黑醋栗馬卡龍 NIVEAU 1，254
Macarons chocolat au lait 牛奶巧克力馬卡龍 NIVEAU 1，264
Macarons chocolat noir 黑巧克力馬卡龍 NIVEAU 1，266
Macarons citron 檸檬馬卡龍 NIVEAU 1，260
Macarons fraise 草莓馬卡龍 NIVEAU 1，252
Macarons framboise 覆盆子馬卡龍 NIVEAU 1，250
Macaronsmangue passion 芒果百香馬卡龍 NIVEAU 2，249
Macarons marron-mandarine 栗橘馬卡龍 NIVEAU 2，265
Macarons mûre-amande 桑葚杏仁馬卡龍 NIVEAU 2，257
Macarons myrtille 藍莓馬卡龍 NIVEAU 1，256
Macarons orange 橙香馬卡龍 NIVEAU 1，248
Macarons pistache 開心果馬卡龍 NIVEAU 1，258
Macarons poivron, framboise et chocolat 甜椒覆盆子巧克力馬卡龍 NIVEAU 2，253
Macarons praliné, pêche et chocolat 蜜桃巧克力帕林內馬卡龍 NIVEAU 2，267
Macarons réglisse 甘草馬卡龍 NIVEAU 1，268
Macarons rose-litchi 玫瑰荔枝馬卡龍 NIVEAU 2，251
Macarons thé au miel 蜜茶馬卡龍 NIVEAU 2，261
Macarons truffe noir 黑松露馬卡龍 NIVEAU 2，269
Macarons vanille 香草馬卡龍 NIVEAU 1，246
Madeleines 瑪德蓮，300
Mascarpone 馬斯卡邦乳酪，35
Meringue française 法式蛋白霜，234
Meringue italienne 義式蛋白霜，232
Meringue suisse 瑞士蛋白霜，236
Miel 蜂蜜，38
Mignardises pistache-griotte 開心果酒漬櫻桃小點，500
Millefeuille 千層派 NIVEAU 1，406
Millefeuille 千層派 NIVEAU 2，408
Mise au point due chocolat au bain-marie 隔水加熱巧克力調溫法，570
Mise au point du chocolat par tablage 大理石巧克力調溫法，572
Moelleux au chocolat 巧克力軟芯蛋糕，360
Moelleux financiers paris-brest 巴黎布列斯特費南雪軟糕，502
Mojito 莫希托，506
Moka 摩卡蛋糕 NIVEAU 2，450
Moka café 摩卡咖啡蛋糕 NIVEAU 1，448
Mont-blanc 蒙布朗 NIVEAU 1，436
Mont-blanc rhubarbe-marron 大黃栗子蒙布朗 NIVEAU 2，438
Moulage de demi-oeuf en chocolat 半球巧克力塑型，574
Moulage tablette au chocolat 模塑巧克力磚，576

Mousse au chocolat blanc 白巧克力慕斯，346
Mousse au chocolat noir 70% 70% 黑巧克力慕斯，344

N

Noisette 榛果，44
Amandes et noisettes caramélisées au chocolat 巧克力焦糖杏仁和榛果，537
Noix 核桃，45
Nougat glacé 牛軋糖雪糕，638
Nougats 牛軋糖，526

O

œufs à la neige 雪花蛋，374
œufs 蛋，37
Oléagineux 堅果，44-45
Omelette norvégienne 烤冰淇淋歐姆蛋，640
Opalines 糖脆片，606
Opéra 歐培拉 NIVEAU 1，388
Opéra 歐培拉 NIVEAU 2，390
Oranges givrées 柳橙霜淇淋，630

P

Pain d'épice 香料麵包，283
Pain de Gênes 熱內亞海綿蛋糕，302
Pain perdu 法式吐司，342
Pains au chocolat 巧克力麵包，156
Pains au lait 牛奶麵包，141
Pain aux raisins 葡萄麵包，158
Palets or 金箔巧克力，580
Palmiers 蝴蝶酥，80
Parfait glacé au café 咖啡冰淇淋芭菲，636
Paris-brest 巴黎布列斯特泡芙 NIVEAU 1，184
Paris-brest 巴黎布列斯特泡芙 NIVEAU 2，186
Pâte à brioche 布里歐麵團，130
Pâte à choux 泡芙麵糊，162
Pâte à frire 油炸麵糊，340
Pâte à sablé breton 布列塔尼砂布列麵團，65
Pâte à tartiner caramel beurre salé 鹹奶油焦糖抹醬，524
Pâte à tartiner 麵包抹醬，522
Pâte brisée 酥脆麵團，64
Pâte d'amandes 杏仁膏，44、387、601
Pâte de cacao 可可膏，41
Pâte de duja 堅果醬，547
Pâte feuilletée classique 經典折疊派皮，66
Pâte feuilletée inversée 反折疊派皮，72
Pâte feuilletée rapide 快速折疊派皮，70
Pâte sablée 砂布列麵團，62
Pâte sucrée 甜酥麵團，60
Pâtes de fruits 水果軟糖，530
Pavlova 帕芙洛娃，367

Pectine 果膠 48、517
Petites brioche à tête 小布里歐，132
Pistache 開心果，45
Polonaise 波蘭圓舞曲，376
Poudre à crème 卡士達粉，43
Poudre à lever 泡打粉，46
Praliné au caramel à sec 焦糖法帕林內，548
Praliné par sablage 以搓砂法製作的帕林內，550
Pralinés feuilletines 千層帕林內果仁糖，584
Pralines roses 玫瑰果仁糖，545
Produits céréaliers 穀類食品，42
Produits laitiers 乳製品，34-36
Produits sucrqnts 甜味產品，38-39
Profiteroles 小泡芙，642

Q

Quatre-quarts 磅蛋糕，278

R

Régal du chef aux fruits rouges 紅果主廚盛宴，458
Religieuse au chocolat 巧克力修女泡芙 NIVEAU 1，178
Religieuse caramel vanille 香草焦糖修女泡芙 NIVEAU 2，180
Religieuse vanille-framboise 香草覆盆子修女泡芙，498
Remplir et utiliser une poche à douille 裝有擠花嘴的擠花袋的裝填與使用，30
Riz au lait 米布丁，352
Rochers coco 椰子球，326
Rochers 岩石巧克力球，578
Royal chocolat 皇家巧克力蛋糕 NIVEAU 1，412
Royal II 皇家巧克力二世 NIVEAU 2，414

S

Sablés céréales 亞麻籽酥餅，324
Sablés diamant 鑽石酥餅，318
Damiers 棋盤餅乾，332
Sablés nantais 南特酥餅，322
Sablés poche 擠花酥餅，320
Saint-honoré 聖多諾黑 NIVEAU 1，418
Saint-honoré ananas-citron vert 鳳梨青檸聖多諾黑 NIVEAU 2，420
Saisonnalité des fruits 水果的季節，50
Savarin au chocolat 巧克力薩瓦蘭 NIVEAU 2，426
Savarin aux fruits 水果薩瓦蘭 NIVEAU 1，424
Sel 鹽，47
Sorbet citron 檸檬雪酪，632
Sorbet exotique 異國雪酪，626
Sorbet plein fruit framboise（sans stabilisateur）
覆盆子果粒雪酪（無穩定劑），634
Soufflé 舒芙蕾，370
Stabilisants et émulsifiants pour glace 冰淇淋的穩定劑與乳化劑，49
Sucettes framboise 覆盆子棒棒糖，510
Sucettes passion 百香果棒棒糖，508

Sucre inverti 轉化糖，38
Sucre 糖，38-39
Sucres complets 黑糖，38

U

Utiliser un rouleau 使用擀麵棍，24
Utiliser une poche à douille
裝有擠花嘴的擠花袋的裝填與使用，30

T

Tableaux des équivalences 單位量表，51
Tarte au chocolat 巧克力塔 NIVEAU 1，118
Tarte au chocolat 巧克力塔 NIVEAU 2，120
Tarte au citron 檸檬塔 NIVEAU 1，82
Tarte au citron meringuée 檸檬蛋白霜塔 NIVEAU 2，84
Tarte aux abricots 杏桃塔 NIVEAU 1，94
Tarte aux abricots 杏桃塔 NIVEAU 2，96
Tarte aux fraises 草莓塔 NIVEAU 1，88
Tarte aux fruits rouges 紅果塔 NIVEAU 2，90
Tarte aux noix 核桃塔 NIVEAU 1，124
Tarte aux noix 核桃塔 NIVEAU 2，126
Tarte aux poires Bourdaloue 布達魯洋梨塔 NIVEAU 1，106
Tarte aux poires-pamplemousses
洋梨葡萄柚塔 NIVEAU 2，108
Tarte aux pommes 蘋果塔 NIVEAU 1，100
Tarte aux pommes 蘋果塔 NIVEAU 2，102
Tarte Tatin 翻轉蘋果塔 NIVEAU 1，112
Tarte Tatin 翻轉蘋果塔 NIVEAU 2，114
Tartelettes aux agrumes 柑橘迷你塔，492
Tartelettes banane-chocolat 香蕉巧克力迷你塔，504
Tartelettes citron-jasmin 茉香檸檬迷你塔，494
Températures de tavail des chocolats 巧克力調溫的溫度，568
Tiramisu 提拉米蘇，356
Truffe 松露巧克力，582
Tuiles aux amandes 杏仁瓦片，312
Types de chocolat 巧克力的種類，40
Types de sure 糖的種類，39

V

Vacherin vanille-framboise 香草覆盆子冰淇淋蛋糕，644

Y

Yaourts 優格，380

INDEX DES RECETTES DE NIVEAU 3 DES CHEFS ASSOCIÉS
合作主廚的食譜索引

克里斯托夫·亞當（Christophe Adam）　馬斯卡邦咖啡閃電泡芙（ÉCLAIR AU CAFÉ MASCARPONE），176

軍朱利安·亞瓦黑（Julien Alvarez）　摩卡蛋糕（MOKA），452

尼可拉·巴榭何（Nicolas Bacheyre）　摩卡蛋糕（MOKA），452

歐斐莉·巴黑（Ophélie Barès）　解構「甘那許」蛋糕（RÉINTERPRÉTATION ENTREMETS «GANACHE»），446

尼可拉·貝納戴（Nicolas Bernardé）　柑橘聖多諾黑（SAINT-HONORÉ AGRUMES），422

尼可拉·布尚（Nicolas Boussin）　黑森林木柴蛋糕（BÛCHE FORÊT NOIRE），398

克莉黛兒·布亞（Christelle Brua）　布達魯塔（BOURDALOUE），110

楊·柏利（Yann Brys）　漩渦檸檬塔（TOURBILLON），86

費德烈克·卡塞爾（Frédéric Cassel）　泡芙塔（CROQUEMBOUCHE），490

高通·雪希耶（Gontran Cherrier）　粉紅葡萄柚烘餅（GALETTE PAMPLEMOUSSE ROSE），484

菲利浦·康帝西尼（Philippe Conticini）　開心果泡芙（PISTACHOUX），188

揚·庫凡（Yann Couvreur）　千層派（MILLEFEUILLE），410

克里斯道夫·菲爾德（Christophe Felder）　少女系翻糖木柴蛋糕（BÛCHE FONDANTE GIRLY），478

克莉絲汀·法珀（Christine Ferber）　蘭姆香草鳳梨果醬（CONFITURE D'ANANAS À LA VANILLE AU RHUM），556

克莉絲汀·法珀（Christine Ferber）　焦糖蘋果醬（CONFITURE DE POMMES AU CARAMEL），562

賽堤克·葛雷（Cédric Grolet）　蘋果塔（TARTE AUX POMMES），104

皮耶·艾曼（Pierre Hermé）　伊斯帕罕芭芭（BABA ISPAHAN），428

尚保羅·艾凡（Jean-Paul Hévin）　「約會」巧克力塔（TARTE AU CHOCOLAT «RENDEZ-VOUS»），122

亞諾·拉葉（Arnaud Larher）　草莓蛋糕（LE FRAISIER），404

吉爾·馬夏（Gilles Marchal）　栗子糖漬小柑橘夏洛特蛋糕（CHARLOTTE AUX MARRONS ET CLÉMENTINES CONFITS），434

皮耶·馬哥里尼（Pierre Marcolini）　皇家巧克力蛋糕（LE ROYAL），416

卡爾·馬勒帝（Carl Marletti）　核桃塔（TARTE AUX NOIX），128

揚·孟奇（Yann Menguy）　蒙布朗（MONT-BLANC），440

妮娜·梅達耶（Nina Métayer）　紅果塔（TARTE AUX FRUITS ROUGES），92

克里斯多夫·米夏拉克（Christophe Michalak）　焦糖修女泡芙（RELIGIEUSE CARAMEL），182

安杰羅·慕沙（Angelo Musa）　童話歐培拉（IL ÉTAIT UNE FOIS L'OPÉRA），392

菲利浦·于哈卡（Philippe Urraca）　改良版翻轉蘋果塔（TARTE TATIN REVISTÉE），116

Remerciements 致謝

感謝Rina Nurra希娜‧盧拉的攝影

萬分感謝史戴維Stévy、卡洛斯Carlos、愛德華Edouard的參與，他
們的天分、創意和好脾氣，讓這項計畫成為人類冒險的「一大步」。
大大感謝雷吉Régis、克勞德Claude、亞倫Alain、布魯諾Bruno，
以及FERRANDI Paris巴黎斐杭狄法國高等廚藝學校甜點主廚，出色
團隊的其餘人員。感謝艾迪立恩Allyriane，這位雖然才剛起飛，但
已受到合理關注的年輕主廚，非常感謝他為我們這支驚人的團隊提
供重要的一臂之力。感謝奧黛莉Audrey寶貴的協助、體貼，帶領本
校欣賞大師的手藝。非常感謝就近或遠距參與此計畫的學院學生：
呂珊德拉Lisandra、麗莎Lisa、瑪格Margot、奧勒良Aurélien、桑德
琳Sandrine、艾爾泊Alba、弗洛朗Florent，如果我有遺漏，請原諒
我。感謝柯蕾莉亞Clélia和弗洛倫斯Florence的信賴，以及...她們的耐
心。非常感謝Multiblitz和MMF Pro的協助和出借器材。

感謝出版社

整支團隊為了這本書努力了一年多，而我們共同的擔憂是怕這本書
不夠盡善盡美。FERRANDI Paris巴黎斐杭狄法國高等廚藝學校的全
體師生也對食譜的撰寫和照片的拍攝做出了貢獻。感謝奧黛莉‧珍妮
Audrey Janet的持續陪伴和嚴厲。感謝分享其知識技能的所有副主
廚。整個編輯團隊：才華洋溢的攝影師Rina Nurra希娜‧盧拉、天才美
工艾莉絲‧樂華Alice Leroy、令人驚豔的編輯萊斯特勒‧培彥Estérelle
Payany；並感謝朱莉‧歐布爾丹Julie Haubourdin的建議，以及戴博
拉‧史瓦茲Déborah Schwarz寶貴的協助。感謝柯蕾莉亞‧歐茲-拉方
丹Clélia Ozier-Lafontaine的努力不懈、堅定不移和善意，讓這本書
得以在期限內問世...，以及我來自彼岸─英國的摯交海倫‧阿得多頓
Helen Adedotun。

我們同樣感謝
Marine Mora和Matfer Bourgeat提供器材。
9 rue du Tapis Vert-93260 Les Lilas France
www.matferbourgeat.com